IPA-IAO

Forschung und Praxis

Band 214

Berichte aus dem
Fraunhofer-Institut für Produktionstechnik und Automatisierung (IPA), Stuttgart,
Fraunhofer-Institut für Arbeitswirtschaft und Organisation (IAO), Stuttgart,
Institut für Industrielle Fertigung und Fabrikbetrieb der Universität Stuttgart und
Institut für Arbeitswissenschaft und Technologiemanagement, Universität Stuttgart

Herausgeber: H. J. Warnecke und H.-J. Bullinger

Peter Schmid

Arbeitsprogrammgenerierung zum Schutzgasschweißen mit Industrierobotersystemen im Schiffbau

Mit 42 Abbildungen

Springer-Verlag Berlin Heidelberg GmbH

Dipl.-Ing. Peter Schmid
Fraunhofer-Institut für Produktionstechnik und Automatisierung (IPA), Stuttgart

Prof. Dr.-Ing. Dr. h. c. Dr.-Ing. E. h. H. J. Warnecke
o. Professor an der Universität Stuttgart
Fraunhofer-Institut für Produktionstechnik und Automatisierung (IPA), Stuttgart

Prof. Dr.-Ing. habil. Dr. h. c. H.-J. Bullinger
o. Professor an der Universität Stuttgart
Fraunhofer-Institut für Arbeitswirtschaft und Organisation (IAO), Stuttgart

D 93

ISBN 978-3-540-59058-3 ISBN 978-3-662-05822-0 (eBook)
DOI 10.1007/978-3-662-05822-0

Ursprünglich erschienin bei Springer-Verlag Berlin Heidelberg New York 1995

Gesamtherstellung: Copydruck GmbH, Heimsheim
SPIN 10497958 62/3020-6543210

Geleitwort der Herausgeber

Über den Erfolg und das Bestehen von Unternehmen in einer marktwirtschaftlichen Ordnung entscheidet letztendlich der Absatzmarkt. Das bedeutet, möglichst frühzeitig absatzmarktorientierte Anforderungen sowie deren Veränderungen zu erkennen und darauf zu reagieren.

Neue Technologien und Werkstoffe ermöglichen neue Produkte und eröffnen neue Märkte. Die neuen Produktions- und Informationstechnologien verwandeln signifikant und nachhaltig unsere industrielle Arbeitswelt. Politische und gesellschaftliche Veränderungen signalisieren und begleiten dabei einen Wertewandel, der auch in unseren Industriebetrieben deutlichen Niederschlag findet.

Die Aufgaben des Produktionsmanagements sind vielfältiger und anspruchsvoller geworden. Die Integration des europäischen Marktes, die Globalisierung vieler Industrien, die zunehmende Innovationsgeschwindigkeit, die Entwicklung zur Freizeitgesellschaft und die übergreifenden ökologischen und sozialen Probleme, zu deren Lösung die Wirtschaft ihren Beitrag leisten muß, erfordern von den Führungskräften erweiterte Perspektiven und Antworten, die über den Fokus traditionellen Produktionsmanagements deutlich hinausgehen.

Neue Formen der Arbeitsorganisation im indirekten und direkten Bereich sind heute schon feste Bestandteile innovativer Unternehmen. Die Entkopplung der Arbeitszeit von der Betriebszeit, integrierte Planungsansätze sowie der Aufbau dezentraler Strukturen sind nur einige der Konzepte, die die aktuellen Entwicklungsrichtungen kennzeichnen. Erfreulich ist der Trend, immer mehr den Menschen in den Mittelpunkt der Arbeitsgestaltung zu stellen - die traditionell eher technokratisch akzentuierten Ansätze weichen einer stärkeren Human- und Organisationsorientierung. Qualifizierungsprogramme, Training und andere Formen der Mitarbeiterentwicklung gewinnen als Differenzierungsmerkmal und als Zukunftsinvestition in *Human Recources* an strategischer Bedeutung.

Von wissenschaftlicher Seite muß dieses Bemühen durch die Entwicklung von Methoden und Vorgehensweisen zur systematischen Analyse und Verbesserung des Systems Produktionsbetrieb einschließlich der erforderlichen Dienstleistungsfunktionen unterstützt werden. Die Ingenieure sind hier gefordert, in enger Zusammenarbeit mit anderen Disziplinen, z.B. der Informatik, der Wirtschaftswissenschaften und der Arbeitswissenschaft, Lösungen zu erarbeiten, die den veränderten Randbedingungen Rechnung tragen.

Die von den Herausgebern geleiteten Institute, das

- Institut für Industrielle Fertigung und Fabrikbetrieb der Universität Stuttgart (IFF),
- Institut für Arbeitswissenschaft und Technologiemanagement (IAT)
- Fraunhofer-Institut für Produktionstechnik und Automatisierung (IPA),
- Fraunhofer-Institut für Arbeitswirtschaft und Organisation (IAO)

arbeiten in grundlegender und angewandter Forschung intensiv an den oben aufgezeigten Entwicklungen mit. Die Ausstattung der Labors und die Qualifikation der Mitarbeiter haben bereits in der Vergangenheit zu Forschungsergebnissen geführt, die für die Praxis von großem Wert waren. Zur Umsetzung gewonnener Erkenntnisse wird die Schriftenreihe "IPA-IAO - Forschung und Praxis" herausgegeben. Der vorliegende Band setzt diese Reihe fort. Eine Übersicht über bisher erschienene Titel wird am Schluß dieses Buches gegeben.

Dem Verfasser sei für die geleistete Arbeit gedankt, dem Springer-Verlag für die Aufnahme dieser Schriftenreihe in seine Angebotspalette und der Druckerei für saubere und zügige Ausführung. Möge das Buch von der Fachwelt gut aufgenommen werden.

H.J. Warnecke   H.-J. Bullinger

Vorwort des Verfassers

Die vorliegende Arbeit entstand während meiner Tätigkeit als wissenschaftlicher Mitarbeiter am Fraunhofer-Institut für Produktionstechnik und Automatisierung (IPA), Stuttgart. Teile der Untersuchungen wurden mit Mitteln des Bundesministers für Forschung und Technologie (BMFT) gefördert.

Herrn Prof. Dr. mult. Hans-Jürgen Warnecke, dessen großzügige Unterstützung und Förderung entscheidend zur Durchführung dieser Arbeit beigetragen haben, möchte ich an dieser Stelle besonders danken.

Herrn Professor Dr.-Ing. Ulrich Dilthey danke ich für die Übernahme des Mitberichts und für seine wertvollen Hinweise bereits während der Anfertigung der Arbeit.

Aus dem großen Kreis der Mitarbeiter des Instituts, die mich mit inhaltlichen Anregungen oder durch tatkäftige Mithilfe bei der textlichen, grafischen und informatischen Ausarbeitung unterstützt haben, möchte ich Herrn Dr.-Ing. Rolf Steinhilper, Herrn Dr.-Ing. Wolfgang Utner, Herrn Dipl.-Ing. Werner Bauer, Herrn Dipl.-Inform. Ronald Röhl, Frau Dipl.-Math. Evelyn Ruchti, Herrn Dipl.-Ing.(FH) Erwin Fischer und Herrn Dipl.-Math.(FH) Boris Feifel sehr danken.

Meiner Frau Manuela und meinen Kindern Marc und Marie-Christine, die mit ihrer Geduld und ihrem Verständnis für die Entbehrungen während zahlreicher Arbeitsstunden die Fertigstellung dieser Arbeit begleiteten, danke ich aus tiefstem Herzen.

Stuttgart 1994 Peter Schmid

I n h a l t

0 Abkürzungen und Formelzeichen

Abkürzung	Einheit	Bezeichnung
3D		dreidimensional
A		4x4-Transformationsmatrix
α	Grad	Drehwinkel
a.M.S.		auf Mitte Schiff
BKS		Boxkoordinatensystem
CAD		Computer Aided Design
CAM		Computer Aided Manufacturing
CP		Continous Path
dh	mm	horizontaler Abstand
dv	mm	vertikaler Abstand
dw	mm	Wandabstand
f		Funktion
FBP, $FBP_{1,2}$		Fugenbegrenzungspunkte
FL		Flachstahl
FNV, $FNV_{1,2,3}$		Fugennormalenvektoren
FP		Fugenpunkt
FRV, FRV_1		Fugenrichtungsvektoren
G		Geradenmakro
HP		warmgewalzter Wulstflachstahl
IR		Industrieroboter
IRG		Industrierobotergrundgerät
$IR_{x,y,z}$		Koordinaten des Basiskoordinatensystems des IR im BKS

φ	Grad	Zentriwinkel
K		Komplexes Makro
KMP		Kreismittelpunkt
lf	mm	Fugenlänge
l_{k1}	mm	Länge des ersten Körpers des IR
l_s	mm	Länge des Sockels des IR
l_{Box_x}	mm	Länge der Box in x-Richtung
l_{Box_y}	mm	Länge der Box in y-Richtung
MAG		Metall-Aktiv-Gas-Schweißverfahren
N		Normalenvektor
ν	Grad	Fugenneigungswinkel
$N_{proj.}$		projezierter Normalenvektor
N_x, N_y, N_z		Komponenten des Fugennormalenvektors
P		Perspektivenvektor
π		Verhältnis des Kreisumfangs zum Durchmesser
PC		Personal Computer
PKW		Personenkraftwagen
PTP		Point-To-Point
R		Rotationsmatrix
ρ	Grad	Fugendrehwinkel
r_f	mm	Fangradius
RP		Roboterposition
s		Skalierungsfaktor
T		Translationsvektor
TW		Teilwand

WKS		Wandkoordinatensystem
$W_{KSI...V}$		Wandkoordinatensysteme
WP		Wandposition
WP_x, WP_y, WP_z		Komponenten der Wandposition
x		Achse im Koordinatensystem
X		Einheitsvektor in x-Richtung
x_{WKS}		Koordinatenachse des WKS
x_{BKS}		Koordinatenachse des BKS
x_{FBP}		Koordinatenachse des FBP
x_{FNV}		Koordinatenachse des FNV
x_{FRV}		Koordinatenachse des FRV
ψ	Grad	Drehwinkel um die z-Achse
y		Achse im Koordinatensystem
y_{WKS}		Koordinatenachse des WKS
y_{BKS}		Koordinatenachse des BKS
y_{FBP}		Koordinatenachse des FBP
y_{FNV}		Koordinatenachse des FNV
y_{FRV}		Koordinatenachse des FRV
z		Achse im Koordinatensystem
Z		Einheitsvektor in z-Richtung
z_{WKS}		Koordinatenachse des WKS
z_{BKS}		Koordinatenachse des BKS
z_{FBP}		Koordinatenachse des FBP
z_{FNV}		Koordinatenachse des FNV
z_{FRV}		Koordinatenachse des FRV

1 Einleitung

Der Werkstoff Stahl wurde im Schiffbau erst vor 150 Jahren eingeführt. Der Übergang vom Holzschiffbau zum Stahlschiffbau vollzog sich allmählich und war in der Übergangsphase durch einen Kompositbau gekennzeichnet, d.h. durch Schiffe, die kombiniert aus Holz und Stahl gefertigt wurden /1/. Das erste bedeutende Schiff, dessen Körper komplett aus Stahl bestand, war die 1858 fertiggestellte "Great Eastern". Für das Schiff mit einer Verdrängung von 32 000 t wurde durchgängig die Niettechnik für die Verbindungen eingesetzt /2/. Die Klassifikationsgesellschaften erteilten 1880 dem härteren Stahl die Zulassung, der rasch Einzug in den Schiffbau hielt.

Schweißen als Fügeverfahren kam erst mit der Entwicklung der ummantelten Elektrode 1902 zur Anwendung und wurde zunächst besonders für Reparaturen eingesetzt. 1920 lief dann das erste ganz geschweißte seegehende Schiff in England vom Stapel, die "Fullegar". Die konstruktive Ausführung entsprach jedoch noch vollständig den genieteten Schiffen, ihre Außenhaut bestand aus gejoggelten Platten, die überlappt durch Kehlnähte verbunden wurden /3/. Im großen Umfang kam die Schweißtechnik als Fügeverfahren im Schiffbau erst ab 1940 zum Einsatz, als Frachtschiffe in geschweißter Ausführung gebaut wurden /4/.

Die ersten Stahlschiffswerften entwickelten sich allmählich aus den Holzschiffswerften und waren zunächst reine Manufakturen. Ein bedeutsamer Schritt für die Mechanisierung und Automatisierung und damit für das Schweißen im Schiffbau während der letzten drei bis vier Jahrzehnte ist die Differenzierung des Schiffkörperbaus in Vormontage und Endmontage. Die Vormontage dient zur Herstellung von Schiffskörperteilen und findet in witterungsgeschützten Hallen statt. Die Endmontage dient dem Zusammenbau der in der Vormontage hergestellten Schiffskörperteilen und findet in der Regel noch immer außerhalb von witterungsgeschützten Hallen statt /5/.

Die Entwicklung von Industrierobotern begann Mitte der 60er Jahre in den USA /6/. 1971 hielten die ersten Industrieroboter im deutschen Automobilbau industriell zum Schweißen der Seitenwände von PKW-Karosserien Einzug. Seit diesen Anfängen haben die Industrierobotereinsätze eine stürmische Entwicklung hinter sich. Bereits in den Jahren 1985 bis 1987 war zu erkennen, daß der Bereich des Lichtbogenschweißens ein starkes kontinuierliches Wachstum aufweist /7/. Die Entwicklungstendenzen zielen auf Industrieroboter hin, die aufgabenspezifisch spezialisiert sind /8/. Zunehmend werden auch schwierige Aufgaben mit Industrierobotern angegangen /7/.

Der Einsatz von Industrierobotern zur Automatisierung des Schweißens ist heute in vielen Branchen sehr erfolgreich. Im Schiffbau sind jedoch bislang bis auf wenige Testinstallationen noch keine entsprechenden Einsatzzahlen vorhanden und das, obwohl gerade hier überproportional viel Schweißkapazität vorhanden ist /9/. Die wesentlichen Gründe hierfür sind die geringen Stückzahlen, die komplexen Strukturen, die großen Abmessungen und die Toleranzen im Schiffbau.

Vielen Werften, Verbänden und Forschungseinrichtungen sind diese Gründe seit langem bekannt, und es gibt vielfältige Anstrengungen zu deren Behebung. Die vorliegende Arbeit soll die wirtschaftliche Anwendung von Industrierobotern zum Schweißen in dem Bereich des Schiffbaus ermöglichen, der aus technisch und wirtschaftlicher Sicht die größte Bedeutung besitzt. Im Mittelpunkt steht dabei die Deckung von hier vorhandenem Entwicklungs- und Erkenntnisbedarf in den Bereichen

- Arbeitsprogrammgenerierung in praktisch einsetzbarer Form, d.h. auch ohne die für praxistaugliche Off-line-Programmiersysteme notwendigen, im Schiffbau jedoch derzeit größtenteils noch nicht verfügbaren 3D-CAD-Daten
- Erstellung der Fertigungsunterlagen, wie z.B. Rüstpläne, Einsatzpläne, Wartungs- und Instandhaltungspläne
- Arbeitsprogrammgenerierung unter Nutzung der Makrogeometrie der Werkstücke und unter Zuhilfenahme dieser Makros analog zu einer modernen Programmiersprache für Rechenanlagen.

2 Stand der Erkenntnisse bei der Arbeitsprogrammgenerierung zum Schutzgasschweißen mit Industrierobotersystemen im Schiffbau

2.1 Werkstücke zum Schutzgasschweißen im Schiffbau

Schweißen ist nach /10/ das Vereinigen von Werkstoffen in der Schweißzone unter Anwendung von Wärme oder Druck oder beidem, wobei mit oder ohne Zusatzwerkstoff gearbeitet werden kann. Die entstehende Verbindung ist unlösbar. Beim Schutzgasschweißen wird zum Erzeugen von Wärme ein elektrischer Lichtbogen verwendet, der relativ zu den zu verschweißenden Einzelteilen bewegt wird. Er brennt sichtbar zwischen einer Elektrode und den zu verschweißenden Einzelteilen. Beim Metall-Schutzgasschweißen kommt als Elektrode ein abschmelzender Schweißdraht zur Anwendung. Die Gesamtheit der zu verschweißenden Einzelteile bildet das Werkstück.

Die Werkstücke im Schiffbau gliedern sich in die Bereiche der Vormontage und Endmontage. Die Vormontage läßt sich in die Sektionsfertigung und das Zusammenschweißen von Ausrüstungsgegenständen, z.B. Profile, Lukendeckel, Leitern, aufteilen.

Die Sektionsfertigung gliedert sich in die Flächen- und Volumensektionsfertigung, wobei sich die Volumensektionsfertigung im Container-Schiffbau weiter unterteilt in die Doppelbodensektions-, Seitentanksektions- und Schottenfertigung und in die Vor- bzw. Achterschiffsektionsfertigung. Bei der Doppelbodensektions-, Seitentanksektions- und Schottenfertigung lassen sich hinsichtlich der Fertigungstechnik die Bereiche Ausschweißen und Deckeln unterscheiden. Bodenwrangen und Längsträger bilden hier räumliche Einheiten, sogenannte Boxen /11/.

In der Endmontage werden die Sektionen und die Ausrüstungsgegenstände miteinander zum Schiffskörperrohbau verschweißt, Bild 1. Die größte Schweißkapazität aller Werkstücke im Schiffbau befindet sich beim Ausschweißen der Doppelbodensektion, Seitentanksektion und Schotten mit 28% /11/.

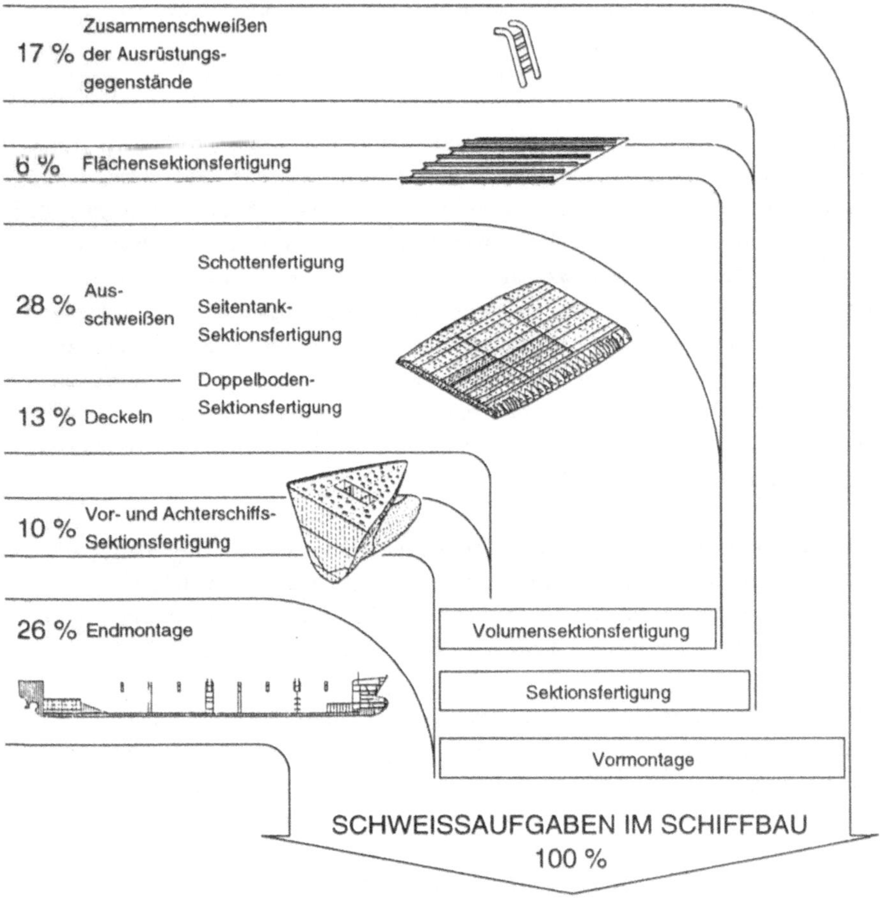

Bild 1: Gliederung der Werkstücke zum Schweißen im Schiffbau

2.2 Bekannte Entwicklungen für das Schutzgasschweißen im Schiffbau mit Industrierobotersystemen

Ein Industrierobotersystem zum Schutzgasschweißen beinhaltet alle Komponenten, die den Schweißprozeß und die Relativbewegungen erzeugen und aufrechterhalten, das Werkstück selbst und darüberhinaus alle peripheren Komponenten, die aus qualitäts- oder sicherheitstechnischen Gründen für den Betrieb des

Industrierobotersystems bedeutend sind, Bild 2. Die zentrale Komponente eines Industrierobotersystems ist der Industrieroboter. Aufbauend auf der allgemeinen Beschreibung eines Industrieroboters in /12/ und /13/ soll sich ein Industrieroboter in dieser Arbeit gliedern in

- ein Industrieroboter-Grundgerät mit maximal sechs Achsen, das den Schweißbrenner bewegt und somit die Relativbewegungen zwischen Fuge und Schweißbrenner erzeugt

und

- einen Industrieroboter-Grundgerät-Positionierer mit maximal drei Achsen, der das Industrieroboter-Grundgerät zusammen mit dem Schweißbrenner translatorisch bewegt und somit die Relativbewegungen zwischen Werkstück und Industrieroboter-Grundgerät erzeugt.

In /14/ und /15/ ist die finnische Entwicklung eines IR-Systems mit einem ortsfesten Industrieroboter beschrieben, der besonders geeignet ist für tiefe und enge Boxen, z.B. von Eisbrecherschiffen. Der Industrieroboter ist ein auf Schienen operierendes Portal mit den Abmessungen 14 m x 6,7 m x 6 m und zwei unabhängig voneinander beweglichen 5-achsigen kinematischen Ketten /16/ mit je drei translatorischen Hauptachsen und zwei rotatorischen Nebenachsen. Der allgemeine Arbeitsraum des Industrieroboters /12/ beträgt 32 m x 13 m x 3 m. Wechselseitig wird in einer Hälfte des allgemeine Arbeitsraums eine Sektion aufgebaut und geheftet, während in der anderen Hälfte eine geheftete Sektion ausgeschweißt wird. Die Sektionen selbst werden beim Schutzgasschweißen nicht bewegt.

Ein gut eingeführter Vertreter von ortsbeweglichen Industrierobotern ist die weltweit im Schiffbau am häufigsten eingesetzte japanische Industrieroboterentwicklung, /17/.

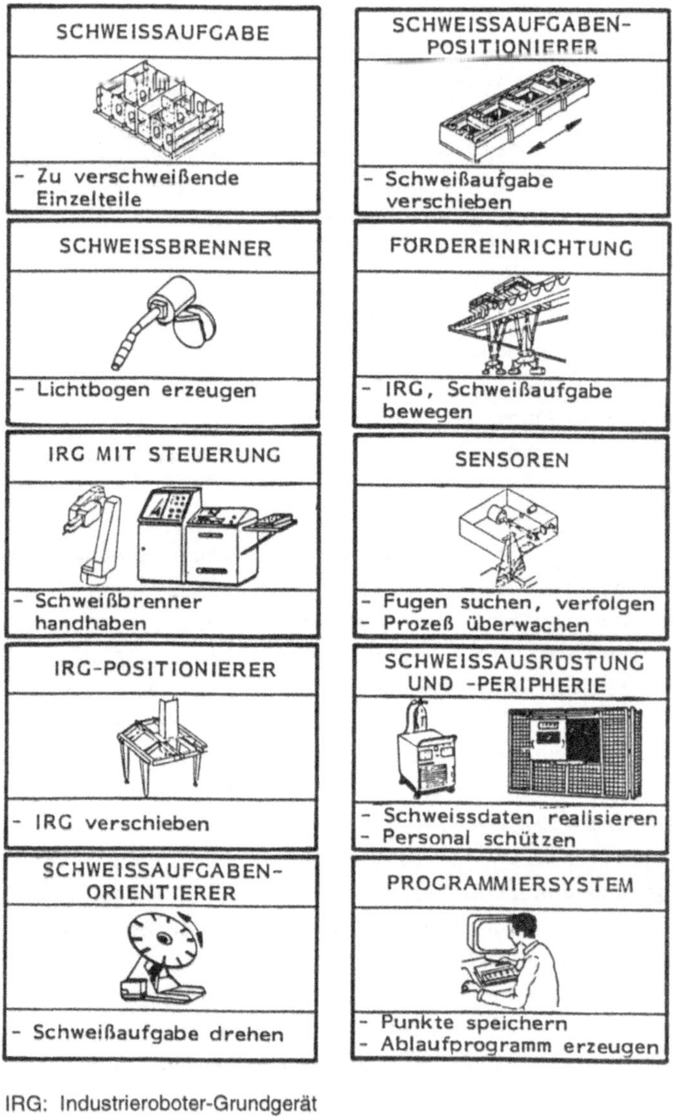

Bild 2: Aufbau von Industrierobotersystemen zum Schutzgasschweißen im Schiffbau

Der Industrieroboter wiegt 25 kg und läßt sich ohne Kraneinrichtung vom Bediener, der gleichzeitig für bis zu drei Industrieroboter zuständig ist, bewegen. Der allgemeine Arbeitsraum des Industrieroboters ist vergleichsweise klein, er eignet sich daher insbesondere für das Schweißen von räumlich begrenzten Werkstücken sowie für Sektionen mit geringer Höhe. Weitere Entwicklungen aus Japan mit ortsfesten Industrierobotern zum Schweißen von Sektionen bis zu einer Länge von 20 m sowie für das Schweißen von Profilen auf Platten sind in /18/ und /19/ beschrieben. Sie sind als flächendeckende dreiachsige Portale mit Handachsen zur Schweißbrennerhandhabung ausgeführt.

Tests und Erfahrungen mit marktverfügbaren Industrierobotern zum Schutzgasschweißen sind aus Großbritannien in /20/, /21/ und aus den USA in /22/, /23/ beschrieben. Über die zukünftigen Einsatzmöglichkeiten von Industrierobotern handeln die Studien aus Großbritannien von /24/, /25/, /26/, /27/ und aus den USA von /28/, /29/, /30/. Darin werden auch eine Reihe von Konzepten für Industrieroboter zum Schutzgasschweißen vorgestellt, von denen jedoch kein Einsatz in der Praxis bekannt ist.

/31/ beschreibt einen Industrieroboter zum Schweißen im Schiffbau, der in einem Forschungsprojekt als Pilotanlage entwickelt wurde. Der Industrieroboter besteht aus einem marktverfügbaren Industrieroboter-Grundgerät mit sechs rotatorischen Achsen und einem Industrieroboter-Grundgerät-Positionierer mit einer translatorischen Achse. Der Industrieroboter ist ortsbeweglich und besonders geeignet für Boxen mit großer Grundfläche und begrenzter Höhe. Er wird mit Hilfe eines Krans in der Box abgesetzt.

Die jüngste Entwicklung für das Schweißen mit Industrierobotern im Schiffbau wurde im Rahmen eines interdisziplinären Forschungsprojekts unter Beteiligung der Schiffbau- und Roboterindustrie und Forschungsinstituten konzipiert. Der entwickelte Prototyp, ein ortsbeweglicher Industrieroboter mit aufgabenspezifisch angepaßten sechsachsigem Industrieroboter-Grundgerät und zweiachsigem Industrieroboter-Grundgerät-Positionierer in

Portalbauweise ist in /32/, /33/ und /34/ beschrieben. Der Industrieroboter wird mit Hilfe eines Krans von einer Box zur nächsten bewegt und kann 100% der Schweißaufgaben in einer Box bearbeiten. Der Arbeitsraum des Industrieroboters besitzt eine Größe von 4800 mm x 3500 mm x 2400 mm.

Darüberhinaus sind eine Reihe von Studien bekannt, in denen Konzepte von Industrierobotern zum Schutzgasschweißen beschrieben sind, so z.B. /35/, /36/ und /37/. Erfahrungen mit einem Kehlnahtschweißroboter beschreibt /38/. Die Pilotanlage ist als Portal mit einer Reichweite von 25 m x 4 m und einem marktverfügbaren IRG ausgeführt, wobei das Portal zwei Bautische überfährt, auf denen in der Wechseltischmethode gearbeitet wird. Die Werkstücke müssen portabel sein und dürfen eine Masse von 1500 Kg nicht überschreiten.

2.3 Verfahren und Hilfsmittel für die Arbeitsprogrammgenerierung zum Schutzgasschweißen mit Industrierobotersystemen

Eine ganze Reihe von Arbeiten behandeln die Programmierung von Industrierobotersystemen. Hierbei lassen sich zwei Gruppen von Ansätzen unterscheiden. In der ersten Gruppe wird der Industrieroboter als ein universelles Handhabungsgerät für verschiedene Anwendungen behandelt. In der zweiten Gruppe dominieren dagegen die spezifischen Merkmale eines abgegrenzten Anwendungsgebietes.

Wichtige Vertreter der ersten Gruppe sind die Arbeiten von Niehaus /39/, Gerke /40/, Scherf /41/, Grukler /42/, Egentheimer /43/, Blume /44/, Coustantinescu /45/, Pritschow /46/ und Göhner /47/.

Die zweite Gruppe bilden die Arbeiten von Hammes /48/ und Liebenow /49/, die sich mit der Programmierung von Industrierobotern zum Schutzgasschweißen befassen. Hammes entwickelt in /48/ ein Verfahren, das eine Programmierung von Industrierobotern auf der Basis von kleinen, verfahrensspezifischen Modulen ermöglicht. Liebenow beschreibt in /49/ die Möglichkeit, Roboterprogramme aus Makroelementen zusammenzusetzen.

Die Simulationsprogramme von /46/, /47/ und /48/ lassen sich ebenfalls für die Programmierung von Industrierobotersystemen einsetzen. Sie bauen auf CAD-Systemen auf und besitzen daher eine sehr hohe Abbildungsgenauigkeit. Schweißprozeßspezifische Aspekte sind bei diesen kapitalintensiven Paketen jedoch nur unzureichend berücksichtigt. Die Programmierung ist sehr zeitintensiv, besonders wenn von den Werkstücken keine dreidimensionalen CAD-Konstruktionen in praxistauglicher Form vorliegen. Auch müssen die erstellten Programme in der Fertigung darüber hinaus noch an die realen Bedingungen durch manuelles Nachteachen von Punkten angepaßt werden.

2.4 Erkenntnisbedarf für die Arbeitsprogrammgenerierung zum Schutzgasschweißen mit Industrierobotersystemen im Schiffbau

Der Schiffbau weist im Vergleich zu vielen anderen Branchen ein sehr breit gefächertes Spektrum von Werkstücken auf.

Ausrüstungsgegenstände lassen sich heute bereits mit Industrierobotersystemen schweißen, die aus marktverfügbaren Komponenten zusammengestellt sind. Für die Flächensektionsfertigung gibt es seit längerer Zeit Sondermaschinen, mit denen sich Plattenfelder zusammenschweißen und die im Schiffbau typischen Versteifungsprofile hochproduktiv und kostengünstig aufsetzen lassen.

Für das Ausschweißen von Doppelbodensektionen, Seitentanksektionen und Schotten wurden in der Vergangenheit verschiedene Industrieroboter-Systemkonzepte entwickelt, die jedoch alle nicht die erwarteten technischen und wirtschaftlichen Erfolge brachten. Dies begründet sich maßgeblich durch das Fehlen einer aufgabenspezifisch angepaßten Programmierung.

Das Deckeln der Sektionen ist aus Zugänglichkeitsgründen mit der heute verfügbaren Geräte- und Schweißtechnik nicht wirtschaftlich automatisierbar.

Vor- und Achterschiffssektionen besitzen eine äußerst komplexe räumliche Struktur. Die großen räumlichen Abmessungen und die schlechte Zugänglichkeit verhindern hier eine wirtschaftliche Automatisierung des Schweißens durch Industrieroboter.

Der Zusammenbau der Ausrüstungsgegenstände und der Sektionen in der Endmontage findet in der Regel außerhalb von witterungsgeschützten Hallen statt, wodurch die Prozeßsicherheit beim automatisierten Schweißen bei den klimatischen Verhältnissen in Europa stark eingeschränkt ist. Darüber hinaus treten beim Zusammenbau der Sektionen bei einer Gesamtlänge des Schiffskörpers von 100 m und mehr sehr große Fügetoleranzen auf, die nur durch die Hintereinanderreihung der zulässigen Toleranzen der Sektionen entstehen. Aus schiffbautechnischen Gründen sind deshalb in der Endmontage umfangreiche Richt- und Anpassungsarbeiten erforderlich, so daß eine Automatisierung des Schweißens hier zur Zeit nicht erfolgversprechend ist.

Wird dieser technischen Betrachtung der Rationalisierungspotentiale beim Schweißen im Schiffbau eine Betrachtung der Kapazitäten gegenübergestellt, so zeigt sich, daß neben der Endmontage das Ausschweißen von Doppelbodensektionen, Seitentanksektionen und Schotten die größte Schweißkapazität im Schiffskörperrohbau erfordert. Diese Werkstücke haben somit aus technischer und wirtschaftlicher Sicht die größte Bedeutung für das automatisierte Schweißen mit Industrierobotern.

Verfahren zur Programmierung von Industrierobotern zum Schutzgasschweißen sind verfügbar. Werkstücke in der Sektionsfertigung besitzen jedoch geometrische Abmessungen, schweißtechnische Anforderungen, Toleranzen und organisatorische Randbedingungen, die keinen wirtschaftlichen Einsatz von Industrierobotersystemen unter Verwendung marktverfügbarer Programmierverfahren ermöglichen. Dies erfordert eine aufgabenspezifische Arbeitsprogrammgenerierung unter Betrachtung technischer, organisatorischer und wirtschaftlicher Gesichtspunkte. Geeignete Hilfsmittel oder Verfahren hierfür sind bislang nicht verfügbar. Dies zeigt auch die geringe Zahl der bisher für diese Werkstücke eingesetzten Industrieroboter.

Um das große Rationalisierungspotential durch den Einsatz von Industrierobotern beim Ausschweißen von oben offenen Doppelbodensektionen, Seitentanksektionen und Schotten nutzen zu können, ist es dringend erforderlich, ein geeignetes Verfahren zu entwickeln, mit dem die technisch-wirtschaftlich bestgeeigneten Arbeitsprogramme für Industrierobotersysteme für diese Werkstücke generiert werden können. Dies hilft über die fehlende Verfügbarkeit funktionstüchtiger offline-Programmierverfahren für das Schutzgasschweißen mit Industrierobotern im Schiffbau bzw. der hierfür zwingend notwendigen dreidimensionalen CAD-Konstruktion von Werkstücken im Schiffbau in praxistauglicher Form hinweg.

3 Zielsetzung

Ziel der Arbeit ist die Entwicklung eines Verfahrens zur Arbeitsprogrammgenerierung für das Schutzgasschweißen im Schiffbau.

Hierzu sind die Anforderungen an das Verfahren seitens des Werkstücks, der für die Arbeitsprogrammgenerierung bedeutenden Komponenten des Industrierobotersystems, der Schweiß- und Sensortechnik sowie seitens des Bedieners zu ermitteln, daraus die Aufgaben der technisch-wirtschaftlichen Arbeitsprogrammgenerierung zu erarbeiten, und es ist die Struktur für das Verfahren zu erstellen.

Mit neu zu entwickelnden Modellen und Algorithmen soll das Verfahren einerseits die Möglichkeiten der Rechnerunterstützung bei der technisch-wirtschaftlichen Generierung der Arbeitsprogramme ausschöpfen; andererseits soll das Verfahren die Generierung der Arbeitsprogramme methodisch umfassend absichern.

Im Vordergrund soll das Ausschweißen von oben offenen Doppelbodensektionen, Seitentanksektionen und Schotten stehen, für das im Schiffskörperrohbau die größte Schweißkapazität erforderlich ist. Das hierbei überwiegend eingesetzte Schweißverfahren aus der Gruppe der Schutzgasschweißverfahren ist das Metall-Aktiv-Gas- (MAG-) Schweißen. Mit den zu generierenden Arbeitsprogrammen müssen sich daher sowohl die steuerungsspezifischen Industrieroboterprogramme mit den für das MAG-Schweißen notwendigen Relativbewegungen zwischen Fuge und Schweißbrenner und den schweiß- und sensortechnischen Parametern erzeugen lassen als auch die Fertigungsunterlagen für einen wirtschaftlichen Einsatz des Industrierobotersystems.

4 Konzeption des Verfahrens zur Arbeitsprogrammgenerierung zum Schutzgasschweißen von Doppelbodensektionen, Seitentanksektionen und Schotten mit Industrierobotersystemen

Zur Erreichung der genannten Ziele wird im folgenden das Verfahren zur Generierung von Arbeitsprogrammen zum Schutzgasschweißen mit Industrierobotersystemen im Schiffbau konzipiert. Hierzu werden zunächst die Anforderungen an das Verfahren ermittelt, dann die Aufgaben der Arbeitsprogrammgenerierung zum Schutzgasschweißen mit Industrierobotersystemen erarbeitet und darauf aufbauend wird die Struktur des Verfahrens erstellt.

4.1 Ermittlung der Anforderungen an das Verfahren

4.1.1 Anforderungen seitens der Werkstücke

Doppelbodensektionen, Seitentanksektionen und Schotten als Werkstücke sind von oben frei zugänglich und durch Heftnähte fixiert. Vorrichtungen und Spannelemente sind nicht mehr vorhanden. Eine Analyse der schiffbaulichen Fertigungstechnik beim Schweißen zeigte, daß eine Nahtart mit einer vorgegebenen Form bestimmt wird durch die Stoßart und die Fugenform /53/ sowie die Werkstoffpaarung und das Schweißverfahren.

$$\text{Nahtart} = f\begin{pmatrix}\text{Stoßart}\\ \text{Fugenform}\\ \text{Werkstoffpaarung}\\ \text{Schweißverfahren}\\ \text{weitere Parameter}\end{pmatrix}$$

Weiter zeigte sich, daß sich diese in Abhängigkeit der geforderten Nahtgüte /54/ und der Arbeitsorientierung der Fuge /56/ und der geometrischen Ausprägung der Fugenenden nur mit einem für diese Bedingungen geeigneten Schweißdatensatz herstellen läßt /56/.

$$\text{Nahtherstellung} = f\begin{pmatrix}\text{Nahtgüte}\\ \text{Arbeitsorientierung der Fuge}\\ \text{geometrische Ausprägung der Fugenenden}\\ \text{weitere Parameter}\end{pmatrix} \circ \text{Schweißdatensatz}$$

Dieser Schweißdatensatz beinhaltet Daten zur Ansteuerung der Stromquelle, zur Beschreibung der Relativbewegungen zwischen Fuge und Schweißbrenner sowie zur Ansteuerung von Sensoren.

$$\text{Schweißdatensatz} = f\begin{pmatrix}\text{Ansteuerung der Stromquelle}\\ \text{Beschreibung der Relativbewegung zwischen Fuge und Schweißbrenner}\\ \text{Ansteuerung der Sensoren}\\ \text{weitere Parameter}\end{pmatrix}$$

Hinsichtlich des Verlaufs einer Fuge lassen sich geometrisch einfach beschreibbare gerade und kreisförmige sowie komplexe Fugen, die zum Beispiel beim Umschweißen von Aussteifungen auftreten, unterscheiden.

Das Werkstück muß im Verfahren so beschrieben sein, daß für jede Fuge alle Parameter für die Erzeugung der geforderten Naht vorhanden sind. Hinsichtlich des Verlaufs von Fugen sollen keine Einschränkungen gemacht werden.

Die Werkstücke einer Sektion werden in dieser Arbeit nach ihrer Geometrie und Zugänglichkeit für die Bearbeitung mit Industrierobotersystemen zum Schutzgasschweißen in einzelne, oben offene Boxen gegliedert. Der Aufbau der Boxen und damit die Fugenverläufe werden durch die zu verschweißenden Einzelteile bestimmt, die in einer Box und im gesamten Werkstück wiederholt auftreten. Aus Fugenverläufen sollen im Verfahren entsprechend den geometrischen Ausprägungen einzelne, wiederkehrende Schweißbilder gebildet werden können, Bild 3.

Um den Planungsaufwand zu reduzieren, soll der Planer mit dem Verfahren darüberhinaus ein repräsentatives Werkstück aus der Gesamtheit der betrachteten Werkstücke ermitteln können.

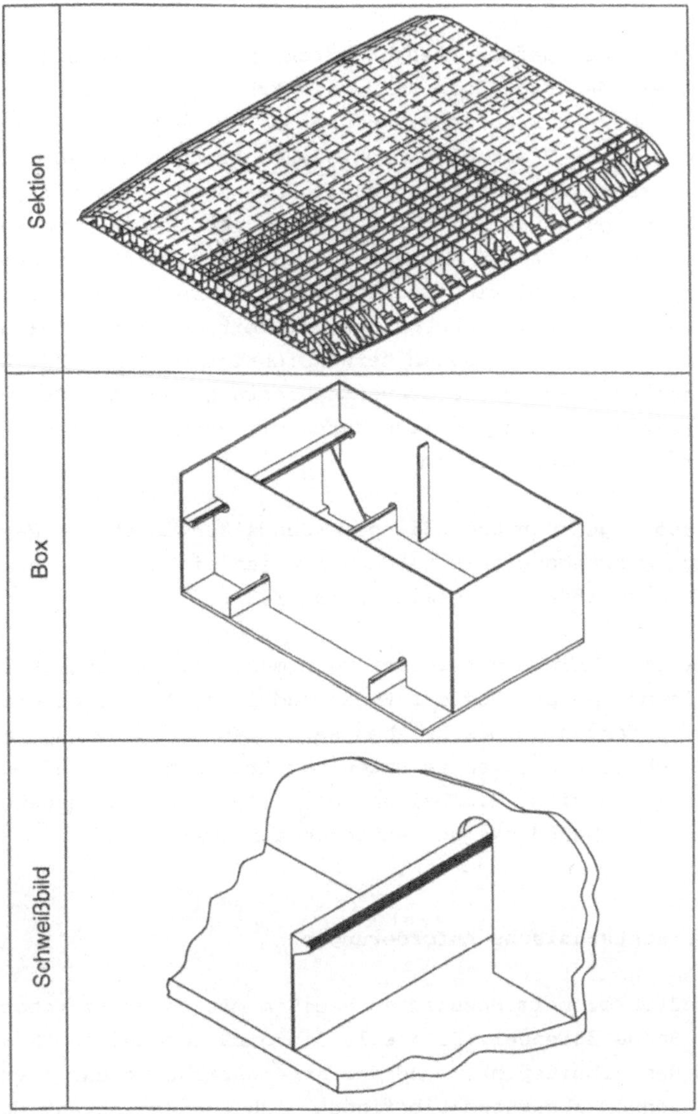

Bild 3: Zusammenhang Sektion - Box - Schweißbild

4.1.2 Schweißtechnische Anforderungen

Eine Naht in der geforderten Nahtdicke und Nahtgüte benötigt in Abhängigkeit der Fugenform /53/, der Arbeitsorientierung der Fuge /55/, der Werkstoffpaarung und des Schweißverfahrens die Einhaltung einer Vielzahl verschiedener technisch-physikalischer Parameter /57/. Hierzu gehören die Schweißbrenneranstellung und -neigung, die die Winkel zwischen dem Schweißbrenner und den zu schweißenden Werkstücken in Schweißrichtung und senkrecht zur Schweißrichtung festlegen. Auch die Schweißgeschwindigkeit, die Vorschubgeschwindigkeit des Schweißdrahts und weitere Parameter müssen berücksichtigt werden /57/. Die geforderte Ausprägung des Schweißnahtanfangs und des Schweißnahtendes /57/ wird zusätzlich durch die geometrische Ausprägung der Fugenenden bestimmt.

Verzug und Eigenspannung, die beim Schweißen durch die Wärmeeinbringung zwangsweise entstehen, lassen sich durch eine gezielte Schweißnahtfolge minimieren /58/.

Die schweißtechnischen Anforderungen müssen in Abhängigkeit der geometrischen Ausprägung der Fugen und ihrer Arbeitsorientierung im Verfahren so beschrieben sein, daß für jede Fuge alle schweißtechnisch relevanten Daten zur Erzeugung der geforderten Naht vorhanden sind. Hierbei sollen keine Einschränkungen hinsichtlich der Nahtdicke und -güte gemacht werden.

4.1.3 Gerätetechnische Anforderungen

Der Endeffektor beim Schutzgasschweißen mit Industrierobotern ist der Schweißbrenner. Er stellt die gerätetechnische Realisierung des Arbeitspunkts und der Arbeitsrichtung dar. Der Schweißbrennerarbeitspunkt befindet sich theoretisch am Ende des Lichtbogens und definiert die wirksame Länge des Schweißbrenners. Die in der Praxis festgestellte Abweichung des realen Schweißbrennerarbeitspunkts vom theoretischen verursacht keine Qualitätsverluste und kann deshalb vernachlässigt werden.

Die unterschiedlichen Schweißaufgaben in den Doppelbodensektionen, Seitentanksektionen und Schotten bedingen aus Gründen der kollisionsfreien Erreichbarkeit und Zugänglichkeit die Verwendung unterschiedlicher Schweißbrenner für unterschiedliche Fugen. Schweißbrenner unterscheiden sich einerseits in ihrer Länge, andererseits in ihrem Kröpfungswinkel, der theoretisch jeden Wert zwischen -180° und +180° annehmen kann. In der Praxis führen jedoch Winkel über ±60° meist zu Schwierigkeiten in der Führung des Schweißdrahts und sind daher möglichst zu vermeiden.

Die für das Schutzgasschweißen geeigneten Sensoren lassen sich nach /59/ in geometrieorientierte und prozeßorientierte Sensoren einteilen. Geometrieorientierte Sensoren gewinnen ihre Meßwerte aus der Geometrie der Fuge oder einer definiert dazu verlaufenden Kante oder Fläche. Prozeßorientierte Sensoren gewinnen ihre Meßwerte aus den primären (Schweißstrom oder -spannung) oder den sekundären (Strahlung des Lichtbogens und des Schmelzbades) Prozeßgrößen.

Mit Ausnahme des primäre Prozeßgrößen verarbeitenden Sensors mit mechanisch gependeltem Schweißdraht sowie des Doppeldrahtsensors sind die Sensoren exakt bezüglich des Schweißbrennerarbeitspunkts und der Schweißbrennerarbeitsrichtung auszurichten. Sie sind direkt am Schweißbrenner oder an der Flanschplatte des Schweißbrenners installiert und bilden nur gemeinsam mit einem bestimmten Schweißbrenner eine funktionstüchtige Einheit.

Das Industrierobotergrundgerät, das die schweißtechnisch erforderlichen Relativbewegungen zwischen Fuge und Schweißbrenner erzeugt, ist heute mit sechs Achsen ausgerüstet. Sein kinematischer Aufbau ist verantwortlich für die kollisionsfreie Erreichbarkeit aller Fugenpunkte mit der schweißtechnisch geforderten Schweißbrenneranstellung und -neigung.

Auch die Industrierobotersteuerung ist mit ihren Funktionalitäten für einen störungsfreien Bewegungsablauf, die Flexibilität und die Leistungsmerkmale eines Industrieroboters maßgeblich /60/. Besonders relevant sind hierbei die unterschiedlichen Steuerungsarten und die steuerungsinterne Methode der Bahnplanung:

- Die Punkt-zu-Punkt-Steuerung (PTP, point-to-point) wird hauptsächlich für Zustellbewegungen eingesetzt. Sie ist gekennzeichnet durch einen schnellen, geometrisch unbestimmten Bahnverlauf, für den nur Anfangs- und Endpunkt programmiert und definiert angefahren werden und kann damit ausschließlich in nicht kollisionsgefährdeter Umgebung eingesetzt werden.

- Die Bahnsteuerung (CP, continuous path) kommt u. a. beim Bahnschweißen zum Einsatz. Sie führt eine Bahnplanung zwischen den programmierten Punkten durch, indem sie durch Interpolation Zwischenpunkte generiert. Dabei berücksichtigt sie die vorgegebene Anstellung, Neigung und Geschwindigkeit des Schweißbrenners /61/, was für die Erzeugung der geforderten Naht zwingend ist. Die erreichbare Geschwindigkeit ist deutlich langsamer als bei der PTP-Steuerung.

Auch die Methoden und Algorithmen der Industrierobotersteuerung an den sogenannten singulären Punkten, an denen zwei Achsen des Industrieroboters kolinear sind, haben maßgeblichen Einfluß auf einen störungsfreien Bewegungsablauf.

Die gerätetechnischen Anforderungen müssen in Abhängigkeit der geometrischen Ausprägung der Fugen, ihrer Arbeitsrichtung und den schweißtechnischen Anforderungen im Verfahren so vollständig berücksichtigt sein, daß für jede Fuge alle gerätetechnisch relevanten Daten zur Erzeugung einer Naht vorhanden sind, ohne dabei Einschränkungen hinsichtlich der Nahtdicke und -güte zu machen.

Im Verfahren soll aus den Schweißbildern durch die Verknüpfung mit den jeweiligen schweißtechnischen und gerätetechnischen

Anforderungen Makros gebildet werden können. Makros stellen somit in dieser Arbeit eine feste Einheit aus einem Schweißbild und den zugehörigen schweißtechnisch relevanten Daten dar. Ein Makro soll dabei spezifisch für einen Schweißbrenner, die benötigten Sensoren und ein Industrierobotergrundgerät gelten.

4.1.4 Organisatorische Anforderungen

Der Einsatz von Industrierobotersystemen zum Schutzgasschweißen von Doppelbodensektionen, Seitentanksektionen und Schotten stellt Anforderungen an die Organisation, die eingehalten werden müssen, um einen reibungslosen Ablauf in der Fertigung zu gewährleisten.

Das Industrierobotersystem benötigt zum Ausschweißen einer Box einen oder mehrere Schweißbrenner, mit denen das System vorab gerüstet werden muß. Hierbei gilt es auch die Standzeiten der Schweißbrenner zu beachten. Die notwendige Menge an Schweißdraht und Schutzgas muß ebenso zur Verfügung stehen wie das boxspezifische Industrierobotersteuerungsprogramm. Weiterhin benötigen die Bediener in der Fertigung unmißverständliche Informationen, welche Box als nächste abgeschweißt werden soll, an welcher Position in der Sektion sich diese Box befindet und in welcher Position und Orientierung das Industrierobotersystem positioniert werden muß.

Die Reihenfolge, in der das Industrierobotersystem die Boxen abschweißt, muß in Abhängigkeit der Schweißzeit, der Rüstvorgänge und der Arbeitssicherheit in der Sektion festgelegt werden.

4.1.5 Anforderungen seitens des Anwenders

Das Verfahren soll den Anwender schrittweise durch die Arbeitsprogrammgenerierung führen und ihn über den Fortschritt jederzeit vollständig informieren. Alle Arbeitsschritte sollen in sich geschlossene Aufgaben beinhalten und aufeinander aufbauen.

Darüberhinaus soll das Verfahren den Anwender durch Algorithmen weitestgehend von Routinetätigkeiten entlasten und ihn rechnergestützt im Dialog über eine graphisch orientierte Benutzerschnittstelle durch die Aufgaben der Arbeitsprogrammgenerierung führen. Der Anwender soll das Verfahren auch ohne Programmierkenntnisse anwenden können, er soll vom Verfahren vollständig von Programmier- und Datenbankarbeiten befreit werden.

4.2 Erarbeiten der Aufgaben der Arbeitsprogrammgenerierung

Die Aufgaben bei der Generierung von Arbeitsprogrammen zum Schutzgasschweißen von Doppelbodensektionen, Seitentanksektionen und Schotten lassen sich durch eine mehrstufige komponentenbezogene Betrachtung erarbeiten. Hierbei müssen ausgehend von der Geometrie der Werkstücke mit den geforderten Schweißnähten die prozeßtechnisch erforderlichen Relativbewegungen zwischen Fuge und Schweißbrenner, die schweißprozeß- und sensortechnischen Anforderungen, die Komponenten des Industrierobotersystems und die organisatorischen Belange, die spezifisch mit dem Einsatz von Industrierobotersystemen sind, berücksichtigt werden können. Auf dieser Basis lassen sich für die Generierung von Arbeitsprogrammen zum Schutzgasschweißen mit Industrierobotersystemen vier Arbeitsschritte formulieren, Bild 4.

Im ersten Arbeitsschritt muß der Anwender die Fugenverläufe der zu verschweißenden Einzelteile ermitteln können. Basis hierfür ist die Analyse aller zu fertigenden Doppelbodensektionen, Seitentanksektionen und Schotten der Werften, für die eine Arbeitsprogrammgenerierung geplant wird, hinsichtlich Geometrie und Komplexität. Hierzu müssen die Einzelteilgeometrien und die Positionen und Orientierung der Einzelteile aufgenommen werden. Ziel ist die Ermittlung aller auftretenden Fugenverläufe in der Gesamtheit der betrachteten Werkstücke.

ARBEITSSCHRITT	EINGANGSDATEN	ERGEBNISSE
1 Ermittlung der Fugenverläufe der zu verscheißenden Einzelteile	❑ Einzelteilgeometrien ❑ Position der Einzelteile ❑ Orientierung der Einzelteile	❑ Fugenverläufe
2 Bestimmung der bestgeeigneten Schweißbilder	❑ Fugenverläufe ❑ Arbeitsorientierung der Fugen ❑ Ausprägung der Fugenenden ❑ Fugenlängen ❑ Häufigkeit der möglichen Schweißbilder	❑ bestgeeignete Schweißbilder
3 Bestimmung der Makros	❑ bestgeeignete Schweißbilder ❑ Schweißprozeßtechnik ❑ Daten von Schweißbrennern ❑ Daten von Sensoren ❑ Daten von Industrieroboter-systemen	❑ Makros
4 Makrobasierende Arbeitsprogramm-generierung	❑ Makros ❑ Fugenverläufe ❑ Arbeitsorientierung der Fugen ❑ Ausprägung der Fugenenden ❑ benötigte Komponenten ❑ Zeiten	❑ steuerungsspezifisches Industrieroboterprogramm ❑ Fertigungsunterlagen

Bild 4: Arbeitsschritte des Verfahrens

Darauf aufbauend müssen im zweiten Arbeitsschritt die bestgeeigneten Schweißbilder bestimmt werden. Basis hierfür ist die Geometrie der Werkstücke mit allen Fugen und ihren Verläufen. Der Anwender muß hieraus die Arbeitsorientierungen der Fugen, die Ausprägung der Fugenenden und die Fugenlängen ermitteln können und damit alle Varianten an Schweißbildern bestimmen können, die die gesamten Schweißaufgaben in den betrachteten

Doppelbodensektionen, Seitentanksektionen und Schotten abdecken.

Daran anschließend muß der Anwender die Häufigkeiten der Schweißbilder für jede Variante ermitteln und daraus die bestgeeigneten Schweißbilder auswählen können. Der Anwender hat damit die geometrisch-wirtschaftlich bestgeeignete Unterteilung der Gesamtschweißaufgabe in einzelne, sich wiederholende Schweißbilder bestimmt.

Im <u>dritten Arbeitsschritt</u> erfolgt die Bestimmung der bestgeeigneten Makros. Basis hierfür ist einerseits die Geometrie des Werkstücks und der Fugen, die sich in den geometrisch-wirtschaftlich bestgeeigneten Schweißbildern widerspiegelt und andererseits die Schweißprozeßtechnik und die benötigten Komponenten des Industrierobotersystems. Der Anwender muß zunächst für jedes der bestimmten Schweißbilder die benötigten Makros ermitteln können, die sich in Schweißprozeßtechnik, Sensoren, Schweißbrennern und weiteren industrierobotersystemspezifischen Daten, wie das Industrierobotergrundgerät und die Industrierobotersteuerung, unterscheiden.

Weiter muß der Anwender die Makros ermitteln können, die für die Relativbewegungen zwischen Fugen und Schweißbrenner und die für diesen Bewegungsablauf relevanten Funktionen bei gelöschtem Lichtbogen benötigt werden. Hierzu gehören die Verfahrbewegungen zwischen den Fugen, die Ansteuerung der Sensoren und das Reinigen und Wechseln der Schweißbrenner. Ziel ist die Bestimmung aller Makros, die zum Schutzgasschweißen aller Schweißaufgaben in den untersuchten Doppelbodensektionen, Seitentanksektionen und Schotten mit Industrierobotersystemen und zur Erstellung der zughörigen Fertigungsunterlagen benötigt werden.

Im <u>vierten Arbeitsschritt</u> muß der Anwender für eine konkrete Schweißaufgabe aus den Doppelbodensektionen, Seitentanksektionen und Schotten, eine Box, ein steuerungsspezifisches Industrieroboterprogramm und die Fertigungsunterlagen, die für den Einsatz des Industrierobotersystems relevant sind, generieren können. Basis hierfür sollen die im Schiffbau üblichen Konstruktionszeichnungen der Sektion und die ermittelten Makros sein.

4.3 Erstellen der Struktur des Verfahrens

Bei der Arbeitsprogrammgenerierung zum Schutzgasschweißen im Schiffbau mit Industrierobotersystemen muß sich mit dem Verfahren die Gesamtheit der Schweißaufgaben zur Erstellung eines steuerungsspezifischen Industrieroboterprogramms und zur Erzeugung von Fertigungsunterlagen, die für den Einsatz des Industrierobotersystems relevant sind, untersuchen lassen. Diese Untersuchungen werden aus Wirtschaftlichkeitsgründen nicht in der Realität durchgeführt, sondern mit Hilfe von Abbildungen in geeigneten Datenverarbeitungsanlagen. Für diese datenverarbeitungsinternen Abbildungen sind einerseits Modelle der Geometrie des Werkstücks und der Fugen sowie der schweißtechnischen und sensortechnischen Daten erforderlich und andererseits Modelle der Komponenten des Industrierobotersystems und der organisatorischen Daten.

Um den Aufwand zur Speicherung der Modelle zu begrenzen, soll ein marktverfügbares relationales Datenbanksystem zum Einsatz kommen, das in das Verfahren zu integrieren ist. Damit ist ein hoher Bedienungskomfort bei der Speicherung, Verarbeitung und Verwaltung der Modelldaten sichergestellt.

Mit dem Verfahren sollen sich möglichst alle derzeit im Schiffbau in der Planung bzw. in der Produktion befindliche Sektionen untersuchen lassen. Als ausreichende Datenbasis hierzu werden vom Verfasser die fünf Sektionen von zwei Werften mit insgesamt 70 Boxen angesehen. Um die Möglichkeiten zur Einteilung der gesamten Schweißaufgaben in wiederkehrende Schweißbilder untersuchen zu können, sind alle Fugen einzeln in Bezug auf die Arbeitsorientierung, die Ausprägung der Fugenenden und die Fugenlänge zu analysieren. Für den Anwender bedeutet dies, daß er für die fünf Sektionen der zwei Werften mit insgesamt 70 Boxen, die zu untersuchen sind, 2517 einzelne Fugen analysieren muß. Zur Bildung von Makros ergeben sich bei sechs unterschiedlichen Profilen 304 Möglichkeiten, was über 750.000 theoretisch zu untersuchenden Möglichkeiten entspricht. Der Anwender muß bei der Planung davon die Möglichkeiten ermitteln, die zu der technisch-wirtschaftlich bestgeeigneten Arbeitsprogrammgenerierung führen.

Zur Unterstützung des Anwenders beinhaltet das Verfahren deshalb Algorithmen und Methoden, die in dieser Arbeit neu zu entwickeln sind. Die Algorithmen dienen einerseits zur Untersuchung der Geometrie der Fugen, der zugehörigen Schweiß- und Sensortechnik, der Komponenten des Industrierobotersystems und fertigungsrelevanten organisatorischen Größen unter Verwendung der Modelle in der Datenverarbeitungsanlage und andererseits zur Bereitstellung und Auswertung von Zwischenergebnissen. Die relationale Datenbank verwaltet neben den Modelldaten alle Planungsparameter sowie die Zwischen- und Endergebnisse der Planung.

Bild 5 zeigt die Struktur des Verfahrens mit allen Arbeitsschritten, den Teilschritten sowie den Hilfsmitteln, die dem Anwender zur Verfügung stehen. Die Bezeichnung des jeweiligen Abschnitts, in dem ein Arbeitsschritt, ein neu entwickelter Algorithmus oder eine Methode beschrieben ist, ist in Klammern vermerkt.

Arbeitsschritte		Teilschritte	Hilfsmittel
Bestimmung der bestgeeigneten Schweißbilder (6)	Schweißbilder gerader Fugen (6.1)	Ermittlung der Schweißbilder gerader Fugen (6.1.1)	Modelle (5.2) Algorithmen (6.1.1) Methodik (6.1.1)
		Ermittlung der Häufigkeiten von Schweißbildern gerader Fugen (6.1.2)	Schweißbilder (6.1.1) Algorithmen (6.1.2)
		Auswahl der bestgeeigneten Schweißbilder gerader Fugen (6.1.3)	Häufigkeiten (6.1.2) Methodik (6.1.3)
	Schweißbilder kreisförmiger Fugen (6.2)	Ermittlung der Schweißbilder kreisförmiger Fugen (6.2.1)	Modelle (5.2) Algorithmen (6.2.1) Methodik (6.2.1)
		Ermittlung der Häufigkeiten von Schweißbildern gerader Fugen (6.2.2)	Schweißbilder (6.2.1) Algorithmen (6.2.2)
	Schweißbilder komplexer Fugen (6.3)	Ermittlung der Schweißbilder komplexer Fugen (6.3.1)	Modelle (5.2) Methodik (6.3.1)
		Ermittlung der Häufigkeiten von Schweißbildern komplexer Fugen (6.3.2)	Schweißbilder (6.3.1) Methodik (6.3.2)
		Auswahl der bestgeeigneten Schweißbilder komplexer Fugen (6.3.3)	Häufigkeiten (6.3.2) Methodik (6.3.3)
Entwicklung des Verfahrens zur Bestimmung der Makros (7)	Makros (7.1)	Entwicklung von Makros zum Schweißen gerader Fugen (7.1.1)	Schweißbilder (6.1.3) Methodik (7.1.1)
		Entwicklung von Makros zum Schweißen komplexer Fugen (7.1.2)	Schweißbilder (6.1.3) Methodik (7.1.2)
		Entwicklung von Makros zum Suchen mit dem Gasdüsensensor (7.1.3)	Modelle (5.2) Methodik (7.1.3)

Bild 5/1: Struktur des Verfahrens für die Arbeitsprogrammgenerierung zum Schutzgasschweißen mit Industrierobotersystemen im Schiffbau

Arbeitsschritte		Teilschritte	Hilfsmittel
(Fortsetzung (7))	(Fortsetzung (7.1))	Entwicklung von Makros zum Korrigieren mit dem Lichtbogensensor (7.1.4)	Modelle (5.2) Methodik (7.1.4)
		Entwicklung von Makros zum Verschieben von Makros (7.1.5)	Modelle (5.2) Methodik (7.1.5)
		Entwicklung von Makros zum Reinigen von Schweißbrennern (7.1.6)	Modelle (5.2) Methodik (7.1.6)
		Entwicklung von Makros zum Wechseln von Schweißbrennern (7.1.7)	Modelle (5.2) Methodik (7.1.7)
	Makroerstellung (7.2)	Aufnehmen der Geometrieinformationen mittels Teach-In (7.2.1)	Modelle (5.2) Methodik (7.2.1)
		Erstellen der Ablaufanweisungen (7.2.2)	Modelle (5.2) Methodik (7.2.2)
Generierung von makrobasierenden Arbeitsprogrammen (8)	Ermittlung einer repräsentativen Box (8.1)	Methode zur Ermittlung einer repräsentativen Box (8.1.1)	Methodik (8.1.1)
		repräsentative Box (8.1.2)	Modelle (5.2) Methodik (8.1.1)
	Entwicklung von Sektions-Box-Dateien (8.2)	Definieren einer Sektions-Box-Datei (8.2.1)	Methodik (8.2.1)
		Arbeiten mit Sektions-Box-Dateien (8.2.2)	Methodik (8.2.2)
	Bearbeitung der Schweißaufgabe (8.3)	Koordinatentransformation (8.3.1)	Koordinatensysteme (5.1) Algorithmus (8.3.1)

Bild 5/2: Struktur des Verfahrens für die Arbeitsprogrammgenerierung zum Schutzgasschweißen mit Industrierobotersystemen im Schiffbau

Arbeitsschritte		Teilschritte	Hilfsmittel
(Fortsetzung (8))	(Fortsetzung (8.3))	Definieren von Schweißbildern und Zuordnen von Makros (8.3.2)	Koordinaten-systeme (5.1) Modelle (5.2) Schweißbilder (6) Makros (7) Koordinatentrans-formation (8.3.1) Methodik (8.3.2)
		Arbeiten mit Schweißbildern und Makros (8.3.3)	Methodik (8.3.3)
	Planung des Schweiß-ablaufs (8.4)	Boxteilwände (8.4.1)	Schweißbilder (8.3.2) Methodik (8.4.1)
		Algorithmen (8.4.2)	Koordinaten-systeme (5.1) Algorithmen (8.4.2)
		Roboterpositionen (8.4.3)	Modelle (5.2) Algorithmen (8.4.2) Methodik (8.4.3)
		Schweißbildzuordnung (8.4.4)	Schweißbilder (8.3.2) Roboterpositionen (8.4.3) Methodik (8.4.4)
		Schweißabfolge (8.4.5)	Schweißbilder (8.3.2) Roboterpositionen (8.4.3) Methodik (8.4.5)
	Generierung des Arbeits-programms (8.5)	Industrieroboter-Steuerungs-programm generieren (8.5.1)	Sektions-Box-Dateien (8.2.1) Makros (8.3.2) Methodik (8.5.1)
		Fertigungsunterlagen generieren (8.5.2)	Sektions-Box-Dateien (8.2.1) Makros (8.3.2) Methodik (8.5.2)

Bild 5/3: Struktur des Verfahrens für die Arbeitsprogrammgenerierung zum Schutzgasschweißen mit Industrierobotersystemen im Schiffbau

5 Entwicklung der Modelle für das Verfahren

Die Bearbeitung in einer Datenverarbeitungsanlage erfordert eine Abbildung der Realität in Form von Modellen. Bei der Modellbildung sind einerseits die Geometrien, andererseits die technischen Merkmale, die die Schweißaufgabe an die Schweißtechnik stellt, abzubilden. Die technischen Merkmale lassen sich entweder aus den Geomtrien ermitteln, oder sie sind vom Anwender aus technischen Unterlagen zu ergänzen.

Um die Schweißbilder und Makros bei der Arbeitsprogrammgenerierung einfach handhaben und kombinieren zu können, ist eine festgelegte Struktur der Modelle notwendig. Für die Modellbildung gibt es dehalb Konventionen, insbesondere hinsichtlich der Lage der Koordinatensysteme, die vom Anwender einzuhalten sind.

5.1 Koordinatensysteme

Das absolute Koordinatensystem in einer Datenverarbeitungsanlage ist das Weltkoordinatensystem, das identisch ist mit dem Schiffskoordinatensystem. Das Schiffskoordinatensystem ist bei der Konstruktion und beim Bau der Schiffe zur Definition der Lage und Orientierung der Sektionen und der sektionsbildenden Boxen eingeführt. Es hat seinen Ursprung auf Mitte Schiff und bezogen auf Mitte Schiff über der Ruderanlage, Bild 6. Dabei verläuft die x-Achse kolinear mit der Schiffslängsrichtung vom Heck zum Bug, die y-Achse in Schiffsquerrichtung von Steuerbord nach Backbord und die z-Achse senkrecht nach oben.

Die Doppelbodensektionen, Seitentanksektionen und Schotten als fertigungstechnische Einheiten des Schiffrohbaus besitzen ein Sektionskoordinatensystem, über das die Lage und Orientierung der Boxen beschrieben wird. Das Sektionskoordinatensystem verläuft parallel und gleichgerichtet zum Schiffskoordinatensystem und liegt bezogen auf das Schiffskoordinatensystem bei kleinstem x- und y-Wert in der Sektion. Somit verläuft die x-Achse parallel und gleichgerichtet der x-Achse des Schiffskoordinatensystems und der Schiffslängsachse, die y-Achse parallel und gleichgerichtet mit der y-Achse des Schiffskoordinatensystems und der Schiffsquerrichtung und die z-Achse ebenfalls parallel und gleichgerichtet zur z-Achse des Schiffskoordinatensystems senkrecht nach oben.

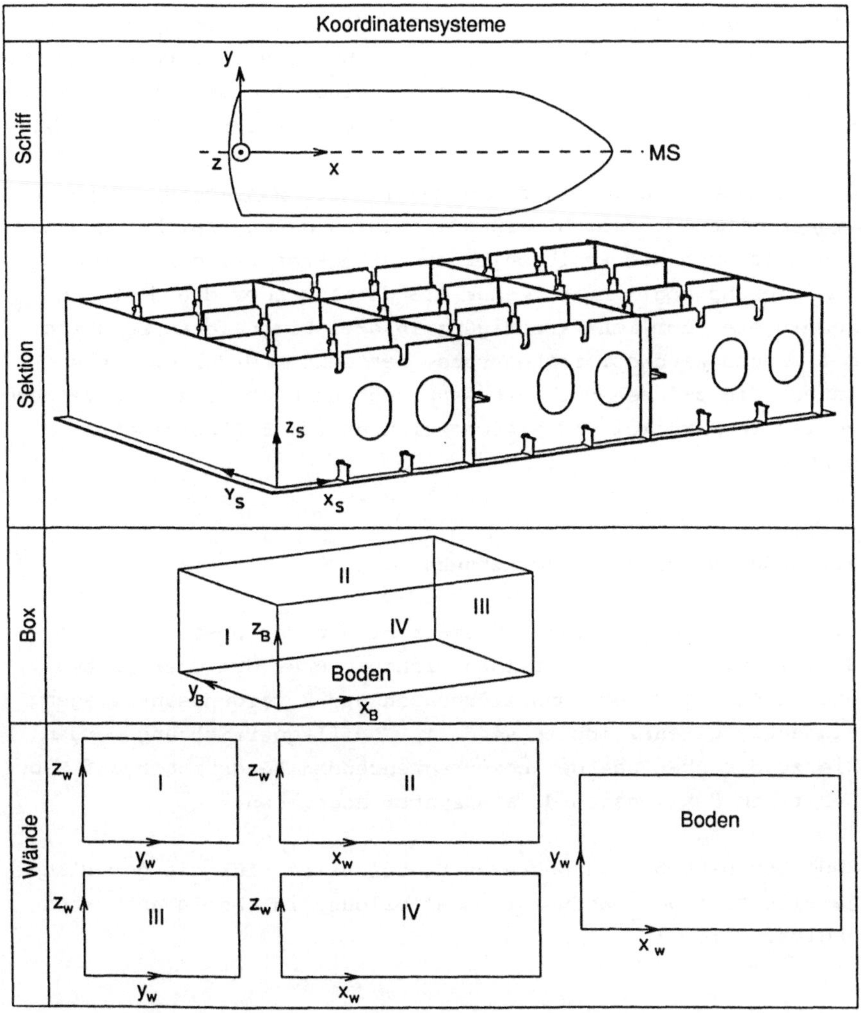

Bild 6: Koordinatensysteme in den Modellen

Die Boxen, die die Sektionen bilden und die für das Ausschweißen mit dem Industrierobotersystem eine fertigungstechnische Einheit bilden, besitzen ein Boxkoordinatensystem, das gleichzeitig das Basiskoordinatensystem für die Position der Makros in der Box dient. Das Boxkoordinatensystem verläuft wie das Sektionskoordinatensystem parallel und gleichgerichtet zum Schiffskoordinatensystem. Der Boxkoordinatenursprung liegt dabei in der Ecke der Box, die im Schiffskoordinatensystem den kleinsten x- und y-Wert besitzt. Die Wände sind fortlaufend von I bis IV numeriert und kennzeichnen eindeutig die jeweilige Position einer Wand in der Box, der Boden der Box erhält die V.

Jede Boxwand erhält ein zweidimensionales Wandkoordinatensystem, über das sowohl eine Datenaufnahme aus Zeichnungen heraus, als auch die Positionierung der Makros bei der Programmgenerierung möglich ist, ohne daß der Anwender die deutlich komplexere räumliche Anschauung in drei Dimensionen benutzen muß. Jedes Wandkoordinatensystem hat seinen Ursprung links unten, die z-Achse verläuft senkrecht nach oben, x- und y-Achse verlaufen parallel und gleichgerichtet zum Boxkoordinatensystem.

5.2 Modellbildung des Werkstücks

Die Festlegung der Position einer Box in der Sektion und im Schiff erfolgt in Schiffslängsrichtung über die Querspanten, die in den Konstruktionszeichnungen und Fertigungsunterlagen eindeutig gekennzeichnet sind. In Schiffsquerrichtung werden hierzu die Abstände der boxenbegrenzenden Längsträger auf Mitte Schiff im Sektionskoordinatensystem angegeben.

Jede Box besteht aus mehreren Einzelteilen, für die der Planer jeweils folgende Daten zur Modellbildung in absoluten Werten angibt, Bild 7:

- Profilart des Teils,
- Einsatzart des Teils,
- Länge des Teils,
- Breite des Teils und
- Höhe des Teils.

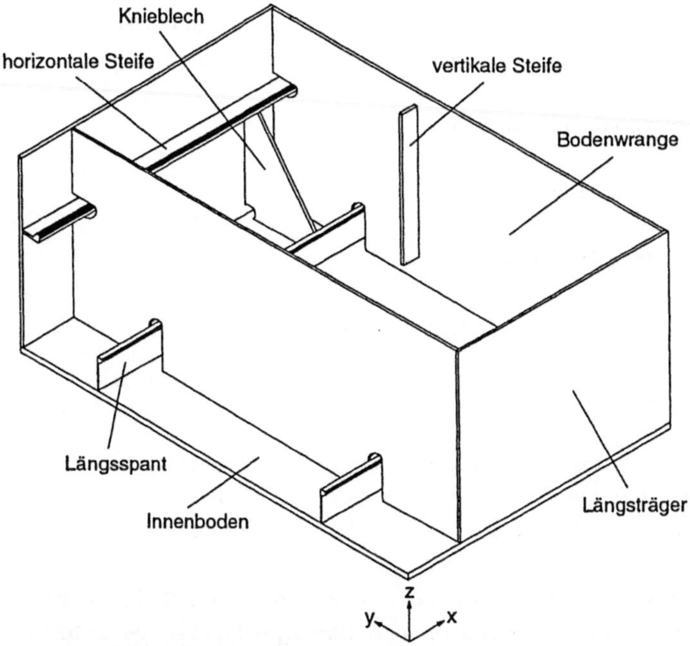

Bild 7: Einzelteile einer Box

Die Modellbildung der Geometrie der Fugen in einer Box, die zwei miteinander zu verschweißende Einzelteile bilden, erfolgt im Boxkoordinatensystem. Der Anwender nennt für jede Fuge die beiden fugenbildenden Einzelteile. Weiterhin gibt er für gerade Fugen die beiden Fugenbegrenzungspunkte an, für kreisförmige Fugen ebenfalls die beiden Fugenbegrenzungspunkte und den Kreismittelpunkt und bei komplexen Fugen, die nicht gerade oder kreisförmig sind, einen Bezugspunkt für den komplexen Fugenverlauf, der implizit über eines oder beide der zu verschweißenden Teile festliegt.

Neben der Geometrie beinhaltet das Modell die im folgenden aufgeführten Merkmale, die alle für den Schweißprozeß, die Sensorik und die Erreichbarkeit relevant sind. Die Arbeitsposition einer Fuge wird in /55/ durch den Fugenneigungswinkel und den Fugendrehwinkel beschrieben. Bei den vorliegenden Schweißaufgaben genügt die Angabe der Hauptpositionen, da sich die auftretenden Arbeitspositionen bei den Doppelbodensektionen, Seitentanksektionen und Schotten nach /55/ der

- Horizontalposition,
- Steigposition,
- Fallposition und
- Horizontal-Überkopfposition

zuordnen lassen.

Weiterhin fügt der Anwender die erforderliche Nahtdicke für jede Naht und den Typ der Riegelverbindung hinzu, die bei manchen komplexen Fugen mit angebracht werden.

Die so entwickelten und komplett aufgebauten Modelle beinhalten alle Geometrieinformationen und Daten, die das Verfahren in den weiteren Schritten benötigt.

6. Entwicklung des Verfahrens zur Bestimmung der bestgeeigneten Schweißbilder

Das neu zu entwickelnde Verfahren soll unter Verwendung der Modelle in der Datenverarbeitungsanlage den Anwender unterstützen, die technisch-wirtschaftlich bestgeeigneten Schweißbilder aus der Vielzahl an zu verschweißenden Fugen zu bestimmen.

In dieser Arbeit werden deshalb Algorithmen entwickelt, mit denen sich entsprechend der Modellbildung die Schweißbilder gerader, kreisförmiger und komplexer Fugen in allen Kombinationen bilden lassen. Weitere Algorithmen ermitteln die Häufigkeit, in der jedes Schweißbild Verwendung findet, um die gesamten Schweißaufgaben in den betrachteten Doppelbodensektionen, Seitentanksektionen und Schotten abzudecken.

6.1 Schweißbilder gerader Fugen

6.1.1 Ermittlung der Schweißbilder gerader Fugen

Die Schweißbilder gerader Fugen unterscheiden sich durch die Arbeitsorientierung der Fugen, durch die Ausprägung der Fugenenden und durch die Fugenlänge. Die Arbeitsorientierung einer Fuge wird durch den Fugenneigungswinkel ν und den Fugendrehwinkel ρ festgelegt /55/, Bild 8.

Der Fugenneigungswinkel ν läßt sich unter Verwendung des in der Wurzellinie der Fuge liegenden Fugenrichtungsvektor *FRV* bestimmen.

$$\cos\nu = \frac{\left\langle \begin{pmatrix} 1 \\ 0 \\ 0 \end{pmatrix}, \begin{pmatrix} x_{FRV} \\ y_{FRV} \\ z_{FRV} \end{pmatrix} \right\rangle}{\left| \begin{pmatrix} 1 \\ 0 \\ 0 \end{pmatrix} \right| \cdot \left| \begin{pmatrix} x_{FRV} \\ y_{FRV} \\ z_{FRV} \end{pmatrix} \right|}$$

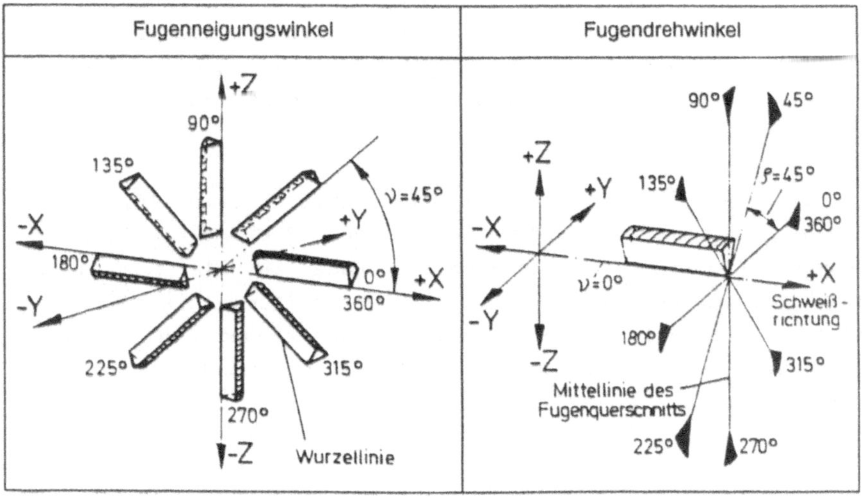

Bild 8: Fugenneigungs- und Fugendrehwinkel nach /55/

Der Fugenrichtungsvektor *FRV* berechnet sich unter Verwendung der zu den beiden Fugenbegrenzungspunkten FBP_1 und FBP_2 gehörenden Ortsvektoren zu:

$$FRV = FBP_2 - FBP_1$$

$$\begin{pmatrix} x_{FRV} \\ y_{FRV} \\ z_{FRV} \end{pmatrix} = \begin{pmatrix} x_{FBP_2} \\ y_{FBP_2} \\ z_{FBP_2} \end{pmatrix} - \begin{pmatrix} x_{FBP_1} \\ y_{FBP_1} \\ z_{FBP_1} \end{pmatrix}$$

Die möglichen Fugenneigungswinkel lassen sich dann nach /62/ unter Verwendung des Fugenrichtungsvektors in einer erweiterten Wahrheitstabelle darstellen und bewerten, Bild 9.

x_{FRV}	y_{FRV}	z_{FRV}	Fugenrichtung		Fugenneigungswinkel v
0	0	0			
0	0	>0	vertikal	nach oben	90°
0	0	<0	vertikal	nach unten	270°
0	>0	0	horizontal		0°
0	<0	0	horizontal		180°
0	>0	>0	diagonal in y-z-Ebene	nach oben	0° < v < 90°
0	<0	>0	diagonal in y-z-Ebene	nach oben	90° < v < 180°
0	>0	<0	diagonal in y-z-Ebene	nach unten	270° < v < 360°
0	<0	<0	diagonal in y-z-Ebene	nach unten	180° < v < 270°
>0	0	0	horizontal		0°
<0	0	0	horizontal		180°
>0	0	>0	diagonal in x-z-Ebene	nach oben	0° < v < 90°
<0	0	>0	diagonal in x-z-Ebene	nach oben	90° < v < 180°
>0	0	<0	diagonal in x-z-Ebene	nach unten	270° < v < 360°
<0	0	<0	diagonal in x-z-Ebene	nach unten	180° < v < 270°
>0	>0	0	horizontal		0°
<0	>0	0	horizontal		0°
>0	<0	0	horizontal		180°
<0	<0	0	horizontal		180°
>0	>0	>0	raumdiagonal	nach oben	0° < v < 90°
<0	>0	>0	raumdiagonal	nach oben	90° < v < 180°
>0	<0	>0	raumdiagonal	nach oben	0° < v < 90°
<0	<0	>0	raumdiagonal	nach oben	90° < v < 180°
>0	>0	<0	raumdiagonal	nach unten	270° < v < 360°
<0	>0	<0	raumdiagonal	nach unten	180° < v < 270°
>0	<0	<0	raumdiagonal	nach unten	270° < v < 360°
<0	<0	<0	raumdiagonal	nach unten	180° < v < 270°

Bild 9: erweiterte Wahrheitstabelle der Fugenneigungswinkel

Der Fugendrehwinkel ρ berechnet sich unter Verwendung des Fugennormalenvektors *FNV* nach

$$\cos\rho = \frac{\left\langle \begin{pmatrix} 0 \\ 1 \\ 0 \end{pmatrix}, \begin{pmatrix} x_{FNV} \\ y_{FNV} \\ z_{FNV} \end{pmatrix} \right\rangle}{\left\| \begin{pmatrix} 0 \\ 1 \\ 0 \end{pmatrix} \right\| \cdot \left\| \begin{pmatrix} x_{FNV} \\ y_{FNV} \\ z_{FNV} \end{pmatrix} \right\|}$$

Die möglichen Fugendrehwinkel lassen sich dann unter Verwendung des Fugennormalenvektors in einer erweiterten Wahrheitstabelle darstellen und bewerten, Bild 10.

x_{FNV}	y_{FNV}	z_{FNV}	Fugennormalenvektor		Fugendrehwinkel ρ
0	0	0			
0	0	>0	vertikal	nach oben	90°
		<0		nach unten	270°
0	>0	0	horizontal		0°
	<0				180°
0	>0	>0	diagonal in y-z-Ebene	nach oben	0° < ρ < 90°
	<0	>0			90° < ρ < 180°
	>0	<0		nach unten	270° < ρ < 360°
	<0	<0			180° < ρ < 270°
>0	0	0	horizontal		0°
<0					180°
>0	0	>0	diagonal in x-z-Ebene	nach oben	0° < ρ < 90°
<0		>0			90° < ρ < 180°
>0		<0		nach unten	270° < ρ < 360°
<0		<0			180° < ρ < 270°
>0	>0	0	horizontal		0°
<0	>0				0°
>0	<0				180°
<0	<0				180°
>0	>0	>0	raumdiagonal	nach oben	0° < ρ < 90°
<0	>0	>0			0° < ρ < 90°
>0	<0	>0			90° < ρ < 180°
<0	<0	>0			90° < ρ < 180°
>0	>0	<0		nach unten	270° < ρ < 360°
<0	>0	<0			270° < ρ < 360°
>0	<0	<0			180° < ρ < 270°
<0	<0	<0			180° < ρ < 270°

Bild 10: erweiterte Wahrheitstabelle der Fugendrehwinkel

Jedes der beiden Enden einer geraden Fuge kann in seiner geometrischen Ausprägung sowohl in einer geschlossenen Ecke liegen, die von den zu verschweißenden Bauteilen gebildet wird als auch offen in der Fuge enden, wenn z.B. eines der beiden fugenbildenden Bauteile endet, Bild 11.

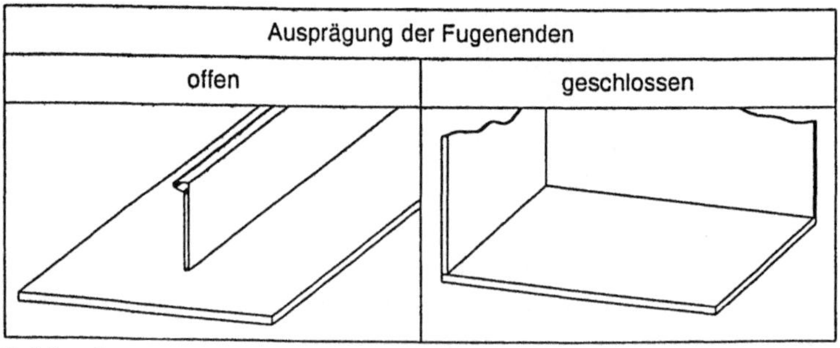

Bild 11: Ausprägung der Fugenenden

Der Algorithmus zur Bestimmung der geometrischen Ausprägung der Fugenenden prüft für jede Fuge einer Box, ob der Fugenbegrenzungspunkt FBP_1 bzw. FBP_2 mit dem Fugenbegrenzungspunkt einer weiteren Fuge übereinstimmt. Ein vom Benutzer frei einstellbarer Fangradius r_f garantiert hierbei, daß auch die geschlossenen Ecken richtig bestimmt werden, bei denen z.B. aus schiffbautechnischen Gründen in der Ecke ein Wasserlaufloch ausgeschnitten ist. Ebenso werden eventuelle Ungenauigkeiten bei der Datenaufnahme, der Datenübertragung oder bei Berechnungen kompensiert. Der Fangradius r_f ist dabei der Radius, der eine Kugel um den zu untersuchenden Fugenbegrenzungspunkt FBP beschreibt, Bild 12.

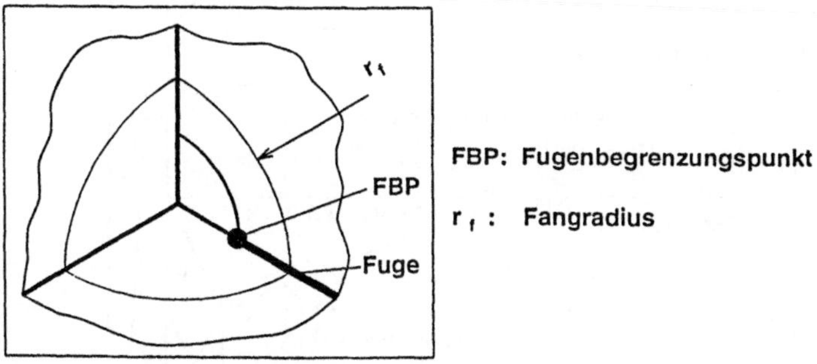

Bild 12: Fangradius

Bild 13 zeigt den Algorithmus zur Bestimmung der geometrischen Ausprägung der Fugenenden in Form eines für die rechentechnische Realisierung aufgearbeiteten Struktogramms /63/.

Die Funktion *IsEqual* (FBP_1,FBP_2) prüft dabei, ob die Fugenbegrenzungspunkte FBP_1 und FBP_2 innerhalb des gewählten Fangradius r_f liegen.

$$|FBP_2 - FBP_1| < r_f$$

$$\sqrt{(x_{FBP_2} - x_{FBP_1})^2 + (y_{FBP_2} - y_{FBP_1})^2 + (z_{FBP_2} - z_{FBP_1})^2} < r_f$$

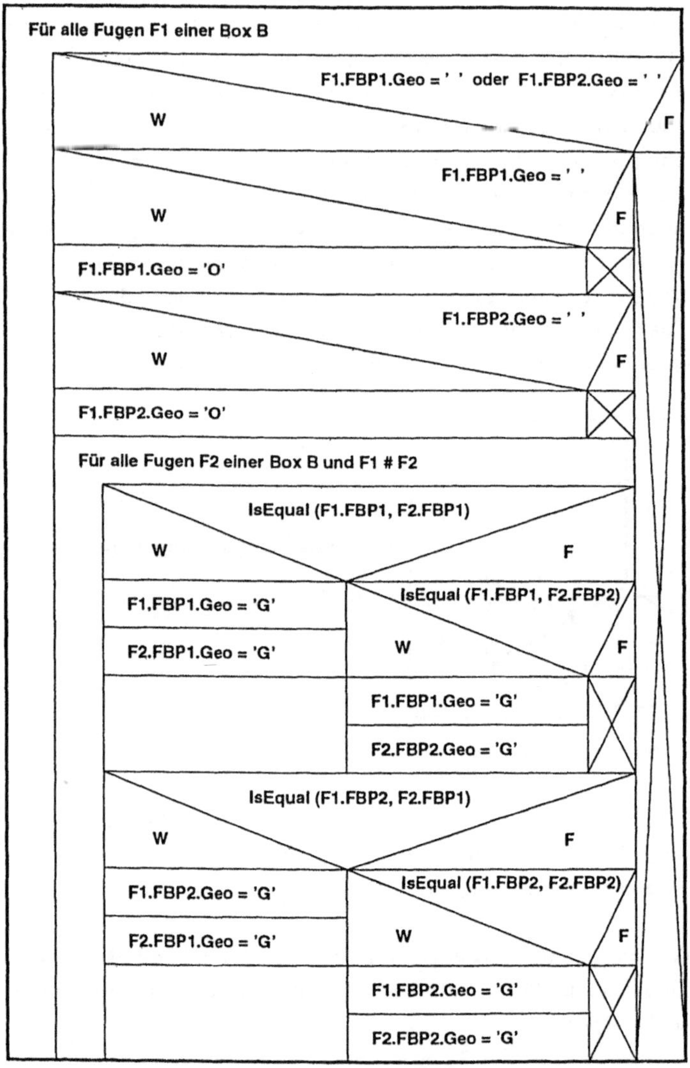

F1, F2	: Fugen	'G'	: geschlossenes Fugenende
FBP1, FBP2	: Fugenbegrenzungspunkte	'O'	: offenes Fugenende
B	: Box	F	: falsch
Geo	: geometrische Ausprägung	W	: wahr

$\text{IsEqual}(P_1, P_2) \equiv \sqrt{(P_2.X - P_1.X)^2 + (P_2.Y - P_1.Y)^2 + (P_2.Z - P_1.Z)^2} < \varepsilon$, ε sehr klein

Bild 13: Struktogramm nach Nassi-Shneiderman

Die Schweißbilder gerader Fugen können aus jeder Kombination von geschlossenen und offenen Fugenenden gebildet sein. Es existieren somit Schweißbilder gerader Fugen mit zwei geschlossenen Enden, mit zwei offenen Enden und mit einem geschlossenen und einem offenen Ende.

Das letzte Unterscheidungskriterium der Schweißbilder gerader Fugen ist die Fugenlänge l_f Sie entspricht der Strecke, die von Anfangs- und Endpunkt der Fuge begrenzt wird.

$$l_f = |FBP_2 - FBP_1| = \sqrt{(x_{FBP_2} - x_{FBP_1})^2 + (y_{FBP_2} - y_{FBP_1})^2 + (z_{FBP_2} - z_{FBP_1})^2}$$

6.1.2 Ermittlung der Häufigkeiten von Schweißbildern gerader Fugen

Zur Ermittlung der Häufigkeiten von Schweißbildern gerader Fugen kommen die fünf repräsentativen Sektionen von zwei Werften zur Untersuchung. Diese beinhalten in 70 Boxen 1959 gerade Fugen.

Der Fugenneigungswinkel ν hat bei 1173 geraden Fugen den Wert 0° oder 180°, d.h. die Fugenrichtung ist bei 60% der geraden Fugen horizontal. Bei 786 geraden Fugen liegt der Wert bei 90° oder 270°, d.h. die Fugenrichtung ist bei 40% der geraden Fugen vertikal.

Die kombinierte Auswertung des Fugenneigungswinkel ν und des Fugendrehwinkels ρ bestimmt nach /55/ die Arbeitsorientierung der Fuge. 1032 Fugen liegen in Horizontal-Position vor, 141 in Horizontal-Überkopf-Position und 786 in Vertikalposition. Die Bestimmung der Häufigkeiten der Ausprägung der Fugenenden zeigt Bild 14.

Die Fugen in Horizontalposition liegen zu 53% mit zwei geschlossenen Enden, zu 25% mit zwei offenen Enden und zu 22% mit einem offenen und einem geschlossenen Ende vor. Bei den Fugen in Horizontal-Überkopfposition treten zwei geschlosene Enden zu 96% auf, ein geschlossenes und ein offenes Ende zu 4%.

<table>
<tr><th>Fugenart</th><th>Fugen-richtung</th><th>Arbeits-orientierung</th><th>Fugen-enden</th><th colspan="4">Anzahl Fugen</th><th>Anzahl unterschied-licher Fugenlängen</th><th>Wiederhol-häufigkeit</th></tr>
<tr><td rowspan="9">Gerade Fuge</td><td rowspan="6">horizontal</td><td rowspan="3">Horizontal-Position</td><td>GG</td><td rowspan="9">1959</td><td rowspan="6">1173</td><td rowspan="3">1032</td><td>550</td><td>122</td><td>4,5</td></tr>
<tr><td>OO</td><td>256</td><td>69</td><td>3,71</td></tr>
<tr><td>GO</td><td>226</td><td>92</td><td>2,46</td></tr>
<tr><td rowspan="3">Horizontal-Überkopf-Position</td><td>GG</td><td rowspan="3">141</td><td>135</td><td>49</td><td>2,76</td></tr>
<tr><td>OO</td><td>0</td><td>0</td><td>0</td></tr>
<tr><td>GO</td><td>6</td><td>4</td><td>1,5</td></tr>
<tr><td rowspan="3">vertikal</td><td rowspan="3">Vertikal-Position</td><td>GG</td><td rowspan="3" colspan="2">796</td><td>392</td><td>84</td><td>4,67</td></tr>
<tr><td>OO</td><td>236</td><td>46</td><td>5,13</td></tr>
<tr><td>GO</td><td>158</td><td>46</td><td>3,43</td></tr>
</table>

Anzahl Schweißbilder	1	2	3	8	512

Bild 14: Häufigkeit der Ausprägung von Fugenenden

Die Fugen in Vertikalposition liegen zu 50% mit zwei geschlossenen Enden, zu 30% mit zwei offenen Enden und 20% mit einem offenen und einem geschlossenen Ende vor.

Die Bestimmung der Häufigkeiten unterschiedlicher Fugenlängen ergibt, daß für jede Fugenrichtung, Arbeitsorientierung und Ausprägung der Fugenenden eine Vielzahl an unterschiedlichen Fugenlängen mit einer relativ geringen Wiederholhäufigkeit auftritt, die zwischen 1 und 36 liegt. Die Differenzierung nach den unterschiedlichen Fugenlängen erhöht die Anzahl an Schweißbilder, die zum Schweißen aller geraden Fugen benötigt wird, von acht auf 512.

6.1.3 Auswahl der bestgeeigneten Schweißbilder gerader Fugen

Die bestgeeigneten Schweißbilder gerader Fugen zeichnen sich dadurch aus, daß mit einer möglichst geringen Anzahl an unterschiedlichen Schweißbildern und damit mit einer möglichst hohen

Wiederholhäufigkeit alle gerade Fugen einer Schweißaufgabe geschweißt werden können.

Bild 14 zeigt, daß die unterschiedlichen Fugenlängen die Anzahl an Schweißbildern um den Faktor 64 erhöht und damit die durchschnittliche Wiederholäufigkeit pro Schweißbild von 244,8 auf 3,8 sinkt.

Die bestgeeigneten Schweißbilder gerader Fugen unterscheiden sich somit im Hinblick auf die Fugenrichtung, die Arbeitsorientierung und die Ausprägung der Fugenenden, sind jedoch variabel in der Fugenlänge.

6.2 Schweißbilder kreisförmiger Fugen

6.2.1 Ermittlung der Schweißbilder kreisförmiger Fugen

Die Schweißbilder kreisförmiger Fugen unterscheiden sich durch die Orientierung der Ebene, in der die kreisförmige Fuge liegt, durch die Arbeitsrichtung, den Radius des Kreises, die Ausprägung der Fugenenden und die zu verschweißende Bogenlänge. Hierbei kann grundsätzlich zwischen kreisförmigen Fugen in der xy-Ebene und in geneigten Ebenen unterschieden werden.

Kreisförmige Fugen in der xy-Ebene:
Der Fugennormalenvektor *FNV* halbiert den Winkel zweier Flächen. Bei kreisförmigen Fugen hängt *FNV* zusätzlich noch vom Zentriwinkel φ zwischen dem Fugenbegrenzungspunkt FBP_1 und dem aktuellen Fugenpunkt FP bezüglich des Kreismittelpunktes KMP ab, Bild 15, wobei die Arbeitsrichtung vom Fugenbegrenzungspunkt FBP_1 zum Fugenbegrenzungspunkt FBP_2 angenommen wird. Wenn $FNV_1(\varphi)$ für $\varphi=0$ der bekannte Fugennormalenvektor am Fugenbegrenzungspunkt FBP_1 ist, ergibt sich der Fugennormalenvektor am aktuellen Fugenpunkt FP aus der Drehung des Fugennormalenvektors am Fugenbegrenzungspunkt FBP_1 mit dem Zentriwinkel φ um die z-Achse und berechnet sich somit nach der Formel:

$$FNV_1(\varphi) = \begin{pmatrix} \cos\varphi & -\sin\varphi & 0 \\ \sin\varphi & \cos\varphi & 0 \\ 0 & 0 & 1 \end{pmatrix} \cdot FNV_1(0)$$

Der Fugenrichtungsvektor *FRV* wird als Kreistangentenvektor in Arbeitsrichtung definiert, Bild 15, wie der Fugennormalenvektor ist der Fugenrichtungsvektor an jedem Fugenpunkt abhängig vom Zentriwinkel φ. Die Berechnung von $FRV_1(\varphi)$ erfolgt analog zur Berechnung des Fugennormalenvektors $FNV_1(\varphi)$.

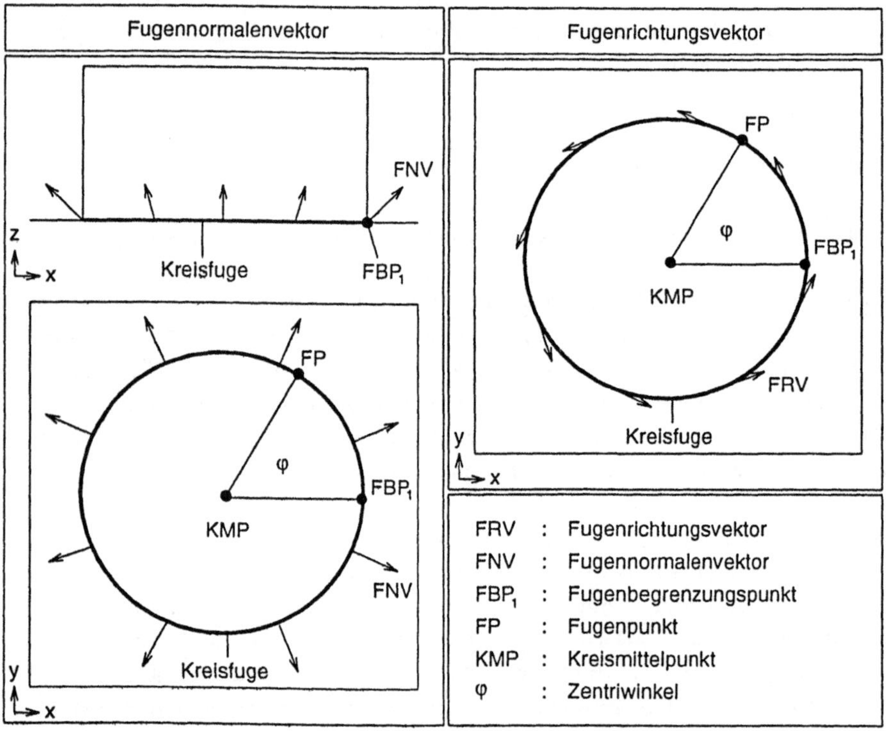

Bild 15: Fugennormalenvektor und Fugenrichtungsvektor

<u>Kreisförmige Fugen in geneigter Ebene:</u>
Die Ebene, in der die kreisförmige Fuge liegt, besitzt den Normalenvektor $N=(N_x, N_y, N_z)^T$. Der Fugenneigungswinkel ν bezüglich der xy-Ebene berechnet sich zu:

$$\cos\nu = \frac{\langle N,Z\rangle}{\|N\|\cdot\underbrace{\|Z\|}_{=1}} \quad \Rightarrow \quad \nu = \arccos\left(\frac{N_z}{\|N\|}\right) \qquad \text{mit} \qquad Z = \begin{pmatrix}0\\0\\1\end{pmatrix}$$

Mit Hilfe des Fugenneigungswinkels ν läßt sich der Fugennormalenvektor *FNV* der kreisförmigen Fuge bestimmen. *FNV* ist hierbei also nicht nur allein vom Zentriwinkel φ, sondern zusätzlich vom Fugenneigungswinkel ν in der Weise abhängig, daß *FNV* mit dem Winkel ν um die y-Achse rotiert wird:

$$FNV_2(\varphi,\nu) = \begin{pmatrix}\cos\nu & 0 & \sin\nu\\ 0 & 1 & 0\\ -\sin\nu & 0 & \cos\nu\end{pmatrix}\cdot FNV_1(\varphi)$$

$$FNV_2(\varphi,\nu) = \begin{pmatrix}\cos\nu & 0 & \sin\nu\\ 0 & 1 & 0\\ -\sin\nu & 0 & \cos\nu\end{pmatrix}\cdot\begin{pmatrix}\cos\varphi & -\sin\varphi & 0\\ \sin\varphi & \cos\varphi & 0\\ 0 & 0 & 1\end{pmatrix}\cdot FNV_1(0)$$

$$FNV_2(\varphi,\nu) = \begin{pmatrix}\cos\nu\cos\varphi & -\cos\nu\sin\varphi & \sin\nu\\ \sin\varphi & \cos\varphi & 0\\ -\sin\nu\cos\varphi & \sin\nu\sin\varphi & \cos\nu\end{pmatrix}\cdot FNV_1(0)$$

Wenn der Normalenvektor N zusätzlich zu den Komponenten in x- und z-Richtung auch Komponenten in y-Richtung besitzt, so wird N in die xy-Ebene projiziert, um den Drehwinkel φ bestimmen zu können, den $N_{proj.}$ mit der x-Achse einschließt.

$$N_{proj.} = (N_x, N_y, 0)^T$$

$$\cos\psi = \frac{\langle N_{proj.}\ ,\ X\rangle}{\|N_{proj}\|\ \cdot\ \underbrace{\|X\|}_{=1}} \quad \Rightarrow \quad \psi = \arccos\left(\frac{N_x}{\|N_{proj.}\|}\right)$$

$$\text{mit} \qquad X = \begin{pmatrix}1\\0\\0\end{pmatrix}$$

In diesem Fall hängt der Fugennormalenvektor *FNV* zusätzlich vom Winkel ψ ab und $FNV_3(\varphi,\nu,\psi)$ ergibt sich aus der Rotation von $FNV_2(\varphi,\nu)$ mit dem Drehwinkel ψ um die z-Achse, Bild 16.

$$FNV_3(\varphi,\nu,\psi) = \begin{pmatrix} \cos\psi & -\sin\psi & 0 \\ \sin\psi & \cos\psi & 0 \\ 0 & 0 & 1 \end{pmatrix} \cdot FNV_2(\varphi,\nu)$$

$$FNV_3(\varphi,\nu,\psi) = \begin{pmatrix} \cos\psi & -\sin\psi & 0 \\ \sin\psi & \cos\psi & 0 \\ 0 & 0 & 1 \end{pmatrix} \cdot \begin{pmatrix} \cos\nu & 0 & \sin\nu \\ 0 & 1 & 0 \\ -\sin\nu & 0 & \cos\nu \end{pmatrix} \cdot \begin{pmatrix} \cos\varphi & -\sin\varphi & 0 \\ \sin\varphi & \cos\varphi & 0 \\ 0 & 0 & 1 \end{pmatrix} \cdot FNV_1(0)$$

$$FNV_3(\varphi,\nu,\psi) = \begin{pmatrix} \cos\psi\cos\nu\cos\varphi - \sin\psi\sin\varphi & -\cos\psi\cos\nu\sin\varphi - \sin\psi\cos\varphi & \cos\psi\sin\nu \\ \sin\psi\cos\nu\cos\varphi + \cos\psi\sin\varphi & -\sin\psi\cos\nu\sin\varphi + \cos\psi\cos\varphi & \sin\psi\sin\nu \\ -\sin\nu\cos\varphi & \sin\nu\sin\varphi & \cos\nu \end{pmatrix} \cdot FNV_1(0)$$

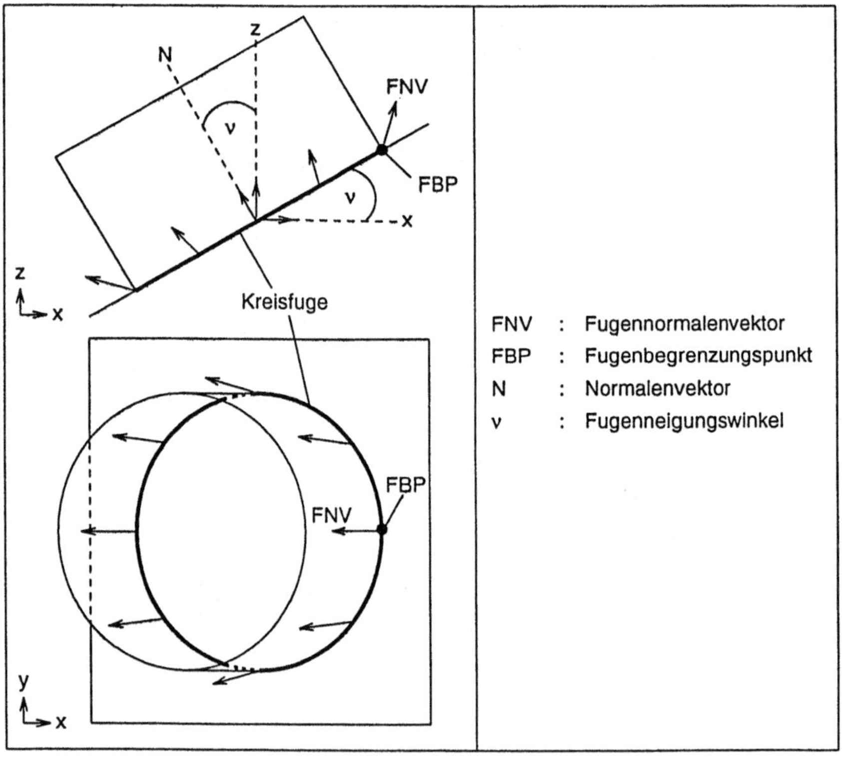

Bild 16: Fugennormalenvektor

6.2.2 Ermittlung der Häufigkeiten von Schweißbildern kreisförmiger Fugen

Die untersuchten fünf repräsentativen Sektionen von zwei Werften beinhalten in 70 Boxen keine kreisförmige Fuge. Rein kreisförmige Fugen treten bei Doppelbodensektionen, Seitentanksektionen und Schotten bei den Einschweißbuchsen und den Luftkanälen auf. Beide liegen im untersuchten Spektrum nicht vor.

6.3 Schweißbilder komplexer Fugen

6.3.1 Ermittlung der Schweißbilder komplexer Fugen

Der Fugenverlauf komplexer Fugen ist weder nur gerade, noch nur kreisförmig. Er setzt sich aus kurzen Geradenstücken und Kreisbögen zusammen. Komplexe Fugenverläufe treten insbesondere bei der Verschweißung von Profilen mit den Bodenwrangen, durch die sie in die nächste Box hinein fortlaufen, und bei der Verbindung von Längsspanten mit vertikalen Streifen auf, Bild 17.

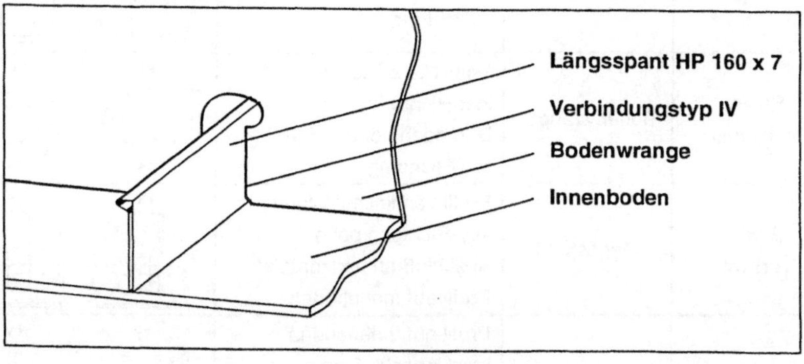

Bild 17: Beispiel einer Profilverbindung

Die Schweißbilder komplexer Fugen unterscheiden sich durch den komplexen Fugenverlauf und durch die Orientierung des Schweißbildes. Der komplexe Fugenverlauf liegt durch die geometrischen Ausprägungen der zu verschweißenden Teile und den Typ der Verbindung fest. Die geometrischen Ausprägungen der zu verschweißenden Teile sind über die /64/ und /65/ festgelegten Maße und Bezeichnungen der Profile und über die Längen-, Breiten- und Dickenangaben der übrigen Teile implizit in den Modellen enthalten. Die geeignete Methodik und Datenbankauswertungen ergeben die exakte Geometrie der Bauteile.

Die Verbindungstypen zwischen den Profilen sowie zwischen Profil und anderem Teil sind bei den größeren Werften in Bauteilkatalogen hinterlegt.

Die Orientierung der Schweißbilder komplexer Fugen ist über den Fugennormalenvektor und über die schiffbauspezifische Nomenklatur der Einzelteile implizit in den Modellen enthalten und wird mit geeigneten Datenbankauswertungen und entsprechender Methodik ermittelt, Bild 18.

Schiffbauspezifische Nomenklatur		Erklärung	Schweißbild-Orientierung und relevante Komponente des Fugennormalenvektors
Teil 1	Teil 2		
Längsspant	Bodenwrange	Profil auf Innenboden beim Durchgang durch Wand in y-Richtung	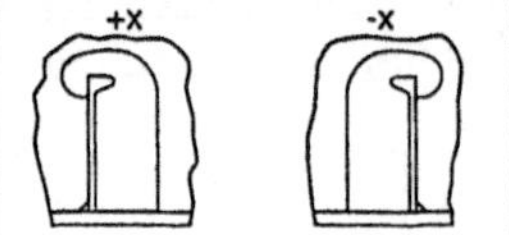
Steife horizontal	Bodenwrange	Profil horizontal auf Wand in x-Richtung beim Durchgang durch Wand in y-Richtung	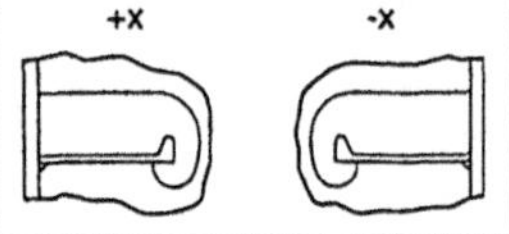
Steife vertikal	Längsspant	Profil vertikal auf Wand in y-Richtung beim Anschluß an horizontales Profil auf Innenboden	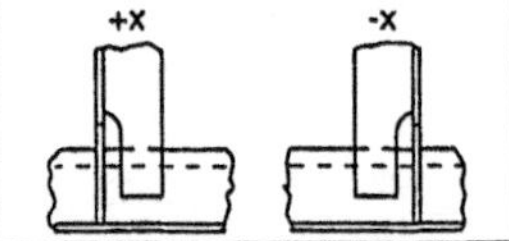
Längsspant	Knieblech	Profil auf Innenboden beim Anschluß an Blech auf Innenboden und Wand in x-Richtung	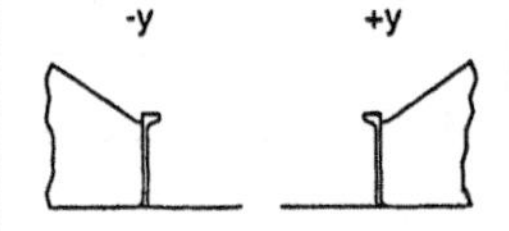
Steife horizontal	Knieblech	Profil horizontal auf Wand in x-Richtung beim Anschluß an Blech auf Innenboden und Wand in x-Richtung	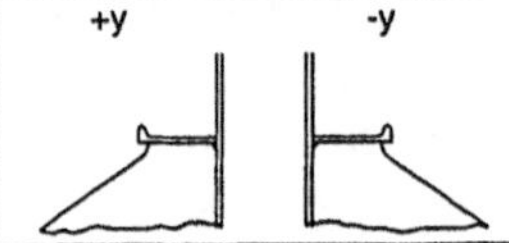

Bild 18: Orientierung der Schweißbilder komplexer Fugen

6.3.2 Ermittlung der Häufigkeiten von Schweißbildern komplexer Fugen

Die untersuchten fünf repräsentativen Sektionen von zwei Werften beinhalten in 70 Boxen 558 komplexe Fugenverläufe.

An diesen 558 komplexen Fugenverläufen sind sechs verschiedene Profilarten- und größen beteiligt, die Höhe und Breite des Fugenverlaufs festlegen. Dies sind die beiden Flachstähle /65/ FL 80x8 (5%) und FL 180x10 (9%) und die vier Wulstflachstähle /64/ HP 120x8 (7%), HP 160x8 (34%), HP 180x8 (14%) und HP 200x10 (31%), Bild 19.

Profile		Bezeichnung	b [mm]	s [mm]	c [mm]	r [mm]
warmgewalzter Wulstflachstahl DIN 1019	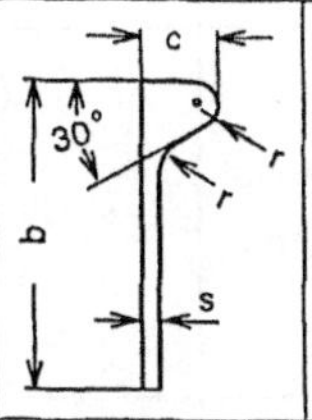	HP 120 x 8	120	8	17	5
		HP 160 x 8	160	8	22	6
		HP 180 x 8	180	8	25	7
		HP 200 x 10	200	10	28	8
warmgewalzter Flachstahl DIN 1017	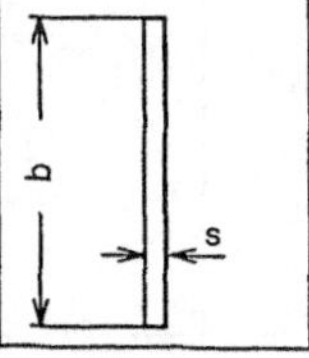	FL 80 x 8	80	8		
		FL 180 x 8	180	8		

Bild 19: Profile der untersuchten Sektionen

Sechs unterschiedliche Verbindungstypen zwischen den Profilen oder einem Profil und einem flachen Blechteil treten bei den untersuchten komplexen Fugenverläufen auf, wobei bei Typ I (7% der Verbindungen) keine Verschweißung vorliegt, sondern ausschließlich der Durchgang eines Profils durch eine Wand beschrieben wird, Bild 20.

Typ II ist mit 39% der am häufigsten auftretende Verbindungstyp. Er weist eine Schweißung zwischen dem Profil und der Wand auf, durch die das Profil in die nächste Box hineinragt.

Darstellung	Schweißungen	Verbindungstyp
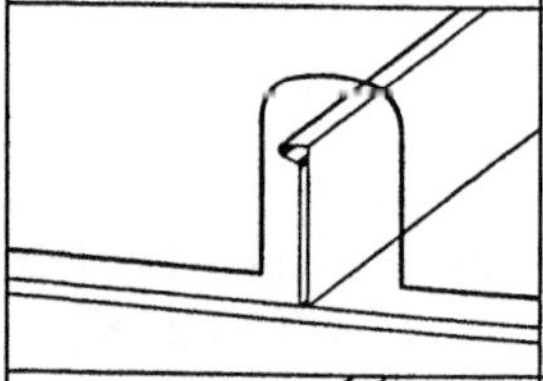	keine	I
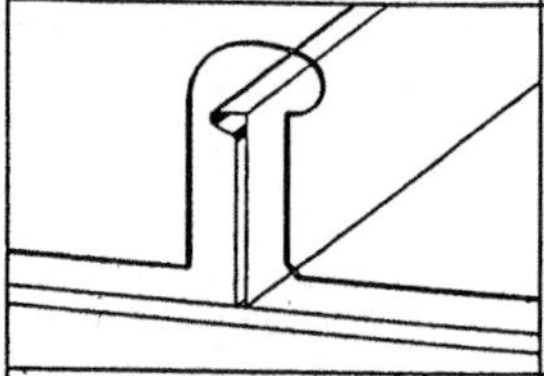	Profil an durchdrungene Wand	II
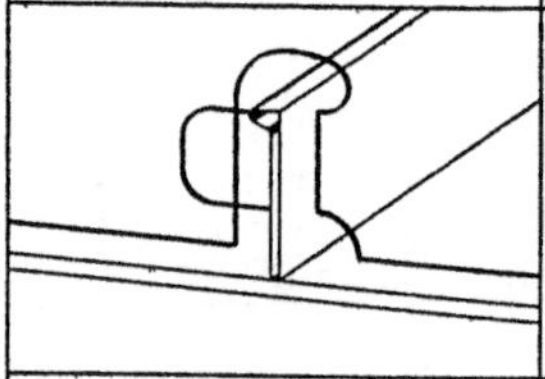	Profil an durchdrungene Wand und an Riegelblech	III
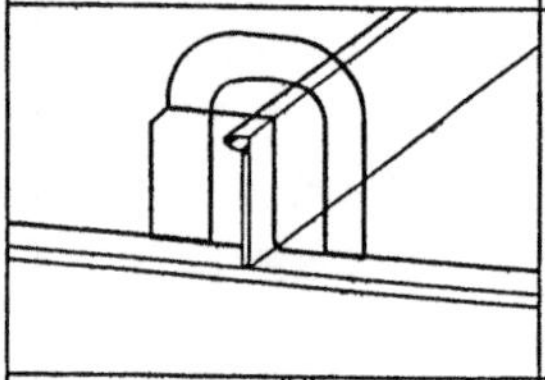	zweiteiliges Dichtblech an Profil und an durchdrungene Wand	IV
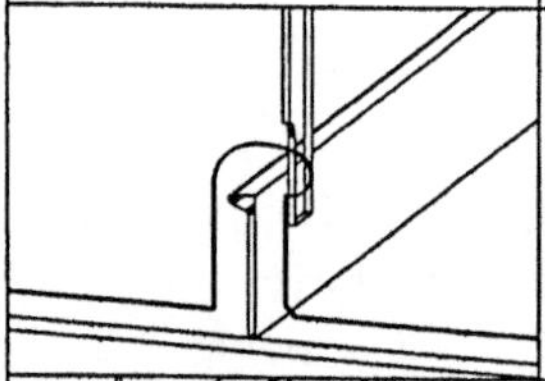	orthogonale Profile an Wand und Boden und miteinander	V
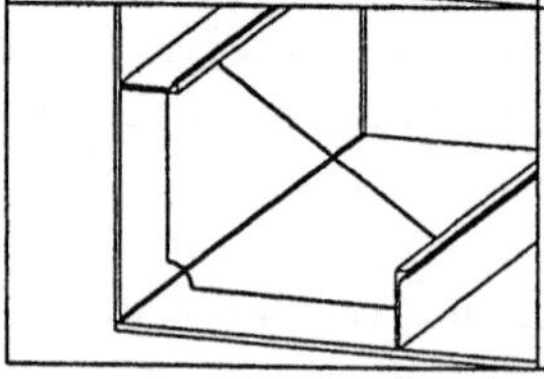	Knieblech an Profile und an Wand / Boden	VI

Bild 20: Verbindungstypen

Bei Typ III (5% der Verbindungen) wird ebenfalls das Profil mit der durchdringenden Wand verschweißt; ein zusätzliches Riegelblech, dessen Maße direkt von der Profilart und -größe abhängen, wird die durchdringende Wand und das Profil geschweißt.

Typ IV (6% der Verbindungen) beinhaltet eine wasserdichte Umschweißung eines Profils mit der durchdrungenen Wand. Hierzu wird ein zweiteiliges Dichtblech an die Wand und das Profil wasserdicht angeschweißt.

Typ V beschreibt die Verbindung von zwei Profilen, die orthogonal aufeinandertreffen. Er liegt mit 34% der Verbindungen an zweiter Stelle.

Typ VI (9% der Verbindungen) beinhaltet die Verbindung von Knieblechen mit Profilen. Hierbei wird das orthogonal zum Profil verlaufende Knieblech an das Profil angeschweißt.

Die Orientierungen, in denen die komplexen Fugenverläufe auftreten, unterscheiden sich in vier Kategorien, wobei bei der Verschweißung von Flachstählen mit der durchdrungenen Wand, die Kategorien I und II identisch sind, Bild 21.

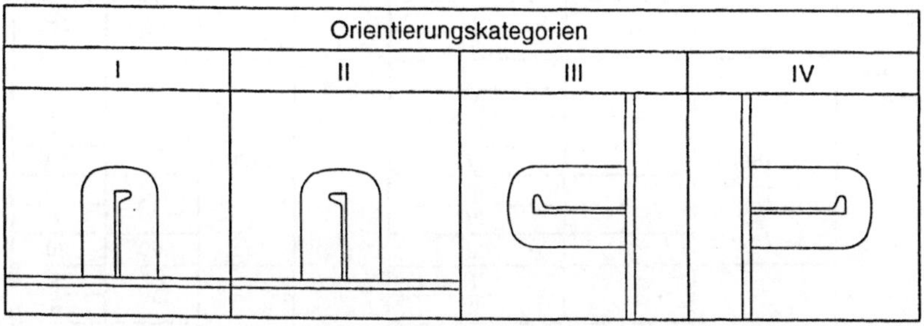

Bild 21: Orientierungskategorien der komplexen Fugenverläufe

Die Kategorien I und II entsprechen einer senkrechten Orientierung des Profils an der Stelle der Wanddurchdringung. Die Kategorie I (38%) gilt für Hollandprofile mit dem Wulst in Blickrichtung auf die durchdrungene Wand nach links, Kategorie II (36%) nach rechts.

Die Kategorien III und IV stehen für eine waagrechte Orientierung des Profils bei der Wanddurchdringung, wobei Kategorie III (16%) für Hollandprofile mit dem Wulst in Blickrichtung nach links und Kategorie IV (10%) in Blickrichtung nach rechts gilt.

Bild 22 zeigt die Häufigkeiten der einzelnen komplexen Fugen in Abhängigkeit der auftretenden Profilarten, Profilgrößen, Verbindungstypen und Orientierungskategorien. Die Unterteilung in alle vier Kriterien ergibt 31 unterschiedliche Schweißbilder, die mit einer durchschnittlichen Wiederholhäufigkeit von 18 im untersuchten Werkstückspektrum auftreten.

Fugenart	Profil	Verbindungstyp	Orientierungskategorie	Anzahl Fugen			
komplexe Fuge	FL 80x8	I	III	558	28	4	2
			IV				2
		II	III			12	6
			IV				6
		VI	III			12	12
	Fl 180x10	V	I		50	50	25
			II				25
	HP 120x8	II	III		36	36	18
			IV				18
	HP 160x8	I	I		190	16	8
			II				8
		II	I			34	17
			II				17
		V	I			140	70
			II				70
	HP 180x8	I	III		80	8	4
			IV				4
		II	III			38	19
			IV				19
		IV	III			14	7
			IV				7
		VI	III			20	20
	HP 200x10	I	I		174	10	5
			II				5
		II	I			98	49
			II				49
		III	I			30	15
			II				15
		IV	I			20	10
			II				10
		VI	I			16	16

Anzahl Schweißbilder	1	6	17	31

Bild 22: Häufigkeiten von Schweißbildern komplexer Fugen

6.3.3 Auswahl der bestgeeigneten Schweißbilder komplexer Fugen

Die bestgeeigneten Schweißbilder komplexer Fugen zeichnen sich dadurch aus, daß mit einer möglichst geringen Anzahl an unterschiedlichen Schweißbildern und damit mit einer möglichst hohen Wiederholhäufigkeit alle komplexen Fugen einer Schweißaufgabe geschweißt werden können.

Bild 22 zeigt, daß alle vier in Kapitel 6.3.1 aufgezeigten Kriterien - die Profilarten, Profilgrößen, Verbindungstypen und Orientierungskategorien - die Wiederholhäufigkeit pro Schweißbild nicht maßgeblich verändern. Die bestgeeigneten Schweißbilder komplexer Fugen unterscheiden sich somit in allen vier Kriterien und sind somit fest der jeweiligen Verbindung zugewiesen. Die Gesamtheit aller komplexen Fugenverläufe in den Schweißaufgaben von 70 Boxen aus fünf Sektionen von zwei Werften benötigt 31 unterschiedliche Schweißbilder komplexer Fugenverläufe.

Die Bestimmung der bestgeeigneten Schweißbilder unter Berücksichtigung der Fugenverläufe, der Arbeitsorientierung der Fugen, der Ausprägung der Fugenenden und der Fugenlängen (vgl. Bild 4) zeigt, daß nur 39 unterschiedliche Schweißbilder das gesamte untersuchte Werkstückspektrum von 70 Boxen aus fünf Sektionen abdecken.

7 Entwicklung des Verfahrens zur Bestimmung der Makros

Das neu zu entwickelnde Verfahren soll im dritten Arbeitsschritt gemäß Bild 4 unter Verwendung der Modelle in der Datenverarbeitungsanlage den Anwender unterstützen, die technisch-wirtschaftlich bestgeeigneten Makros für die in Kapitel 6 bestimmten bestgeeigneten Schweißbilder zu bestimmen. Hierbei müssen neben den Funktionen, die direkt zur Erzeugung einer Naht - also zum Schweißen- benötigt werden, auch die restlichen, für den gesamten Bewegungsablauf notwendigen Funktionen Berücksichtigung finden.

7.1 Makros

Die Gesamtheit der benötigten Makros unterscheiden sich nach ihrer Funktion und Ihrer Einsetzbarkeit. In dieser Arbeit werden sie deshalb strukturiert in die Gruppen

- Schweiß-Makros und
- Standard-Makros

eingeteilt.

Unter Schweiß-Makros werden dabei die Makros verstanden, die direkt zur Erzeugung einer Naht benötigt werden. Genau in diesen Makros wird der Lichtbogen ein- bzw. ausgeschaltet. Sie beinhalten alle benötigten geometrischen und schweißtechnischen Informationen für die Relativbewegungen zwischen Schweißbrenner und Fuge zur Erzeugung einer Naht. Entsprechend den ausgewählten bestgeeigneten Schweißbildern werden die Schweiß-Makros unterteilt in Makros zum Schweißen gerader Fugen und in Makros zum Schweißen komplexer Fugen.

Den Leistungsumfang eines Schweiß-Makros bestimmt dabei die Werkstückgeometrie im Bereich der zu schweißenden Fuge, die Gerätetechnik und die Schweißtechnik.

Die Werkstücktoleranzen, die Ungenauigkeiten bei der Positionierung des Industrierobotergrundgeräts relativ zum Werkstück und die unvermeidbaren Abweichungen der Modelle von der Realität bringen die Notwendigkeit des Einsatzes von Sensoren mit sich. Es muß der Fugenanfang sensorisch gesucht werden, um sicherzustellen, daß sich der Nahtanfang und der Fugenanfang dekken; es muß der Fugenverlauf sensorisch verfolgt werden, um sicherzustellen, daß die Naht über die gesamte Länge korrekt in der Fuge liegt; es müssen die Heftstellen, mit denen die Bauteile vor dem Ausschweißen mit dem Industrierobotersystem miteinander fixiert sind, ebenso sensorisch erkannt werden, wie ein Luftspalt, um eine gleichbleibende Nahtdicke und Nahtform zu gewährleisten; und es muß das Fugenende sensorisch erkannt werden, um sicherzustellen, daß sich das Nahtende mit dem Fugenende deckt. Das MAG-Schweißverfahren benötigt zur Einhaltung einer gesicherten Nahtqualität ein definiertes Zünden des Lichtbogens am Nahtanfang und ein definiertes Löschen des Lichtbogens am Nahtende. Dies wird ebenfalls im Leistungsumfang der Schweiß-Makros integriert.

Die Standard-Makros sollen alle geometrischen Informationen für die Relativbewegungen zwischen Schweißbrenner und Fugen und die für diesen Bewegungsablauf relevanten Funktionen bei gelöschtem Lichtbogen beinhalten. Hierzu zählen die Ansteuerung von Sensoren, die Bestimmung der Verfahrbewegungen zwischen den einzelnen Fugen und die Verschiebung von Makros. Standard-Makros werden von den Schweiß-Makros aktiviert. Weitere Standard-Makros steuern die Schweißbrennerreinigungs- und -wechseleinrichtung an.

7.1.1 Entwicklung von Makros zum Schweißen gerader Fugen

Entsprechend den vom Anwender ausgewählten bestgeeigneten Schweißbildern (vgl. Abschnitt 6.1.3), ist die Fugenlänge im Schweißbild einer geraden Fuge variabel. Diese Variabilität wird bei der Bestimmung der Makros erreicht, indem für das Schweißen des Schweißbilds einer geraden Fuge zwei unterschiedliche Makros eingesetzt werden. Das Schweißbild einer geraden Fuge wird von einem Anfangsmakro mit fester Größe und einem Endmakro mit fester Größe eingeschlossen, dazwischen liegt ein Zwischenstück mit variabler Länge. Das Anfangsmakro beinhaltet dabei die geometrischen und schweißtechnischen Informationen zum Schweißen der Fuge vom Anfangspunkt bis zur Erreichung der schweißtechnisch optimalen Brennerorientierung und die Ablaufanweisung, mit dieser Brennerorientierung das Zwischenstück bis zum Anfangspunkt des Endmakros zu schweißen. Das Endmakro beinhaltet die geometrischen- und schweißtechnischen Informationen vom Anfangspunkt des Endmakros, der zugleich der letzte Punkt der Fuge ist, der mit schweißtechnisch optimaler Brennerorientierung geschweißt werden kann, bis zum Endpunkt der Fuge, Bild 23.

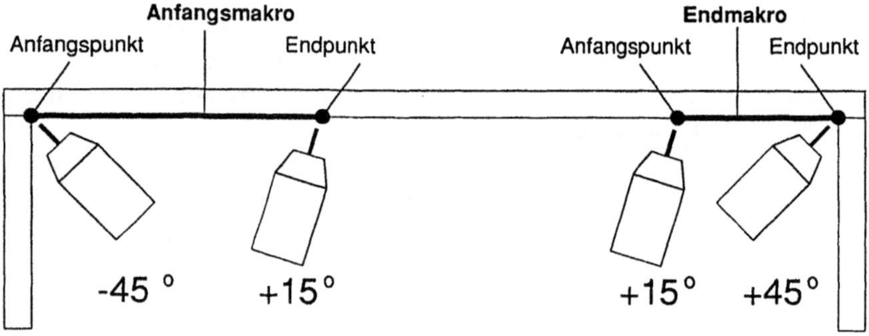

Bild 23: Schweißbrennerorientierung bei einer geraden Fuge

Die gerätetechnischen Anforderungen auf der einen Seite und die schweißtechnischen Anforderungen auf der anderen Seite bringen die Notwendigkeit mit sich, für ein Schweißbild mehrere unterschiedliche Anfangs- und Endmakros zu erstellen. Diese Anforderungen werden nach ihrer Bedeutung in einen Stammbaum gegliedert Bild 24.

Das primäre Gliederungskriterium ist die Schweißposition /55/. Sie liegt in den vorliegenden Schweißaufgaben fallend, steigend, horizontal und horizontal-überkopf vor. Für jede Schweißposition benötigt die Schweißtechnik andere Schweißparameter, um die vorgeschriebene Nahtdicke in der benötigten Qualität zu erhalten. Die feste Zuordnung der Schweißparameter zu einem Makro macht somit für jede Schweißposition eines Schweißbilds ein separates Makro notwendig.

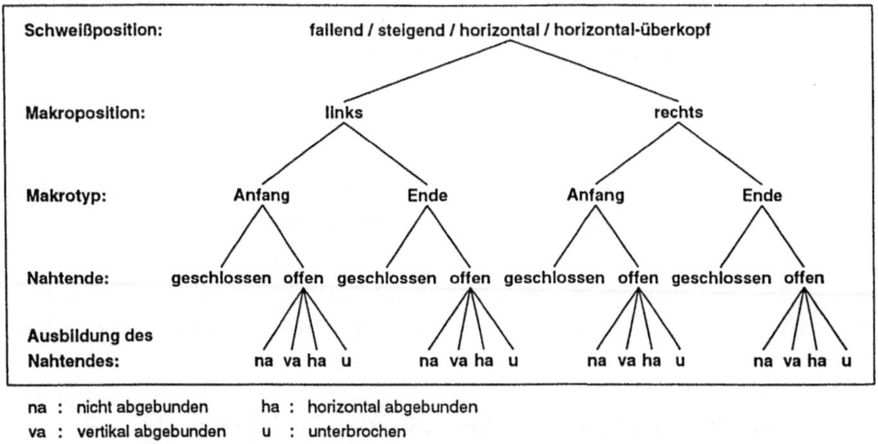

Bild 24: Stammbaum der schweißtechnischen Anforderungen

Das sekundäre Gliederungskriterium ist die Makroposition, Bild 25. Die Makroposition links bedeutet, daß der Schweißbrenner im Bezugspunkt des Makros in Sichtrichtung vom Industrieroboter aus auf das Makro nach links zeigt, d.h. der Schweißdrahtrichtungsvektor besitzt im Wandkoordinatensystem eine negative Komponente in x- bzw. y-Richtung.

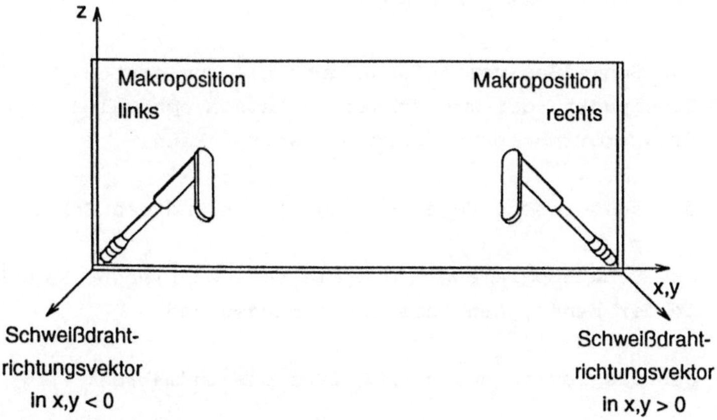

Bild 25: Makropositionen

Bei der Makroposition rechts zeigt der Schweißbrenner nach rechts, der Schweißdrahtrichtungsvektor hat eine positive Komponente in x- bzw. y-Richtung.

Das nächste Gliederungskriterium ist der Makrotyp. In der vorliegenden Arbeit wird zwischen den beiden Typen Anfangsmakro und Endmakro unterschieden (vgl. Bild 23).

Unter Berücksichtigung der Schweißtechnik, der Sensortechnik und der Kollisionsproblematik beim Schweißen mit Industrierobotersystemen wird im Verfahren die Struktur der Makros zur Erzeugung der Naht in einer geraden Fuge entwickelt.

Den Anfang einer geraden Naht erzeugt dabei ein Makro vom Typ Anfangsmakro. Ein derartiges, neu entwickeltes Anfangsmakro hat folgenden Inhalt:

- den Sensorvorhaltepunkt, von dem aus ohne Kollisionsgefahr das Sensorische Suchen durchgeführt werden kann

- das sensorische Suchen eines definierten Bezugspunktes des Makros, der, wenn es sensortechnisch möglich ist, mit dem Fugenanfangspunkt identisch ist,

- das Anfahren des Fugenanfangspunkts,

- das Zünden des Lichtbogens,

- das Schweißen vom Anfangspunkt bis zum ersten Fugenpunkt, der mit schweißtechnisch optimaler Brennerorientierung erreicht werden kann,

- die sensorische Fugenverfolgung während des Schweißens,

- die Schweißparameter, die die vorgeschriebene Nahtdicke in der benötigten Qualität erzeugen und

- den programmtechnischen Aufruf des Endmakros.

Für die Erzeugung des Endes einer geraden Naht wird im Verfahren das Makro vom Typ Endmakro entwickelt. Ein derartiges, neu entwickeltes Endmakro hat dabei folgenden Inhalt:

- das Schweißen vom Endpunkt des Anfangsmakros bis zum Anfangspunkt des Endmakros mit der im Endpunkt des Anfangsmakros erreichten schweißtechnisch optimalen Brennerorientierung,

- das Schweißen vom Anfangspunkt des Endmakros, der gleichzeitig der letzte Punkt der Fuge ist, der mit schweißtechnisch optimaler Brennerorientierung erreichbar ist, bis zum Endpunkt der Fuge,

- das sensorische Erkennen des Fugenendes,

- die sensorische Fugenverfolgung während des Schweißens,

- die sensorische Heftstellen- und Luftspalterkennung mit der Anpassung der Schweißparameter,

- die Endkraterfüllung oder die Schwalbennestbildung nach Bedarf und

- das Löschen des Lichtbogens.

Das Gliederungskriterium Nahtende unterscheidet zwischen Nahtenden, die am Endpunkt einer Fuge in einer Ecke liegen und damit geschlossen sind und Nahtenden, die offen in der Fuge liegen.

Liegt das Nahtende in einer Ecke und ist somit geschlossen, so kann es sowohl mit einem Anfangs- als auch mit einem Endmakro geschweißt werden, da in einer Ecke das sensorische Erkennen des Fugenanfangs und des Fugenendes möglich ist. Andererseits muß die erhöhte Kollisionsgefahr in der Ecke beachtet werden und die Anstellung und Neigung des Schweißbrenners entsprechend gewählt werden. Liegt das Nahtende offen in der Fuge, muß es mit einem Endmakro geschweißt werden, da das sensorische Erkennen des Anfangspunktes nicht gewährleistet ist.

Das letzte Gliederungskriterium unterscheidet zwischen vier unterschiedlichen Ausbildungen des Nahtendes, das offen in der Fuge liegt. Ein offenes Nahtende ist nicht abgebunden, wenn die Naht in der Fuge endet und das Nahtende aus Gründen der Kerbwirkung mit einer Endkraterfüllung abgeschlossen wird. Nähte, die an ihrem Ende zur Umschweißung eines Bauteilendes verwendet werden, sind in Abhängigkeit der Schweißposition bei der Umschweißung vertikal abgebunden oder horizontal abgebunden. Unterbrochene Nahtenden werden für Nahtunterbrechungen verwendet, wenn die Fuge aus Erreichbarkeitsgründen mit zwei oder mehr Teilnähten geschweißt wird. In diesem Fall wird das Nahtende so ausgeführt, daß die Teilnähte überlappend verschweißt werden können.

Die fünf Gliederungskriterien des Stammbaums der schweißtechnischen Anforderungen (vgl. Bild 24) bestimmen alle theoretisch notwendigen geometrisch unterschiedlichen Makros zum Schweißen gerader Fugen. Besonders berücksichtigt werden müssen bei den horizontal verlaufenden geraden Fugen die Möglichkeiten im Uhrzeigersinn oder gegen den Uhrzeigersinn zu schweißen, da hierfür unterschiedliche Makros benötigt werden. Bild 26 zeigt die 72 theoretisch notwendigen Makros in Form von Piktogrammen. In der Praxis reduziert die Anwendung verschiedener Strategien diese Anzahl noch wesentlich. Die Konvention immer im Uhrzeigersinn zu Schweißen, wenn es die Ausprägung der Fugenenden zulassen, reduziert die Anzahl der Makros zum Schweißen gerader Fugen z.B. auf 52. Eine Industrieroboterkinematik mit geeigneter Reichweite macht die Makros bei der Nahtunterbrechung unnötig, was eine weitere Reduzierung der Makros zum Schweißen gerader Fugen auf 40 mit sich bringt. Erhöht wird diese Anzahl nur durch die unterschiedlichen Nahtdicken, die konstruktiv für die Nähte vorgeschrieben sind.

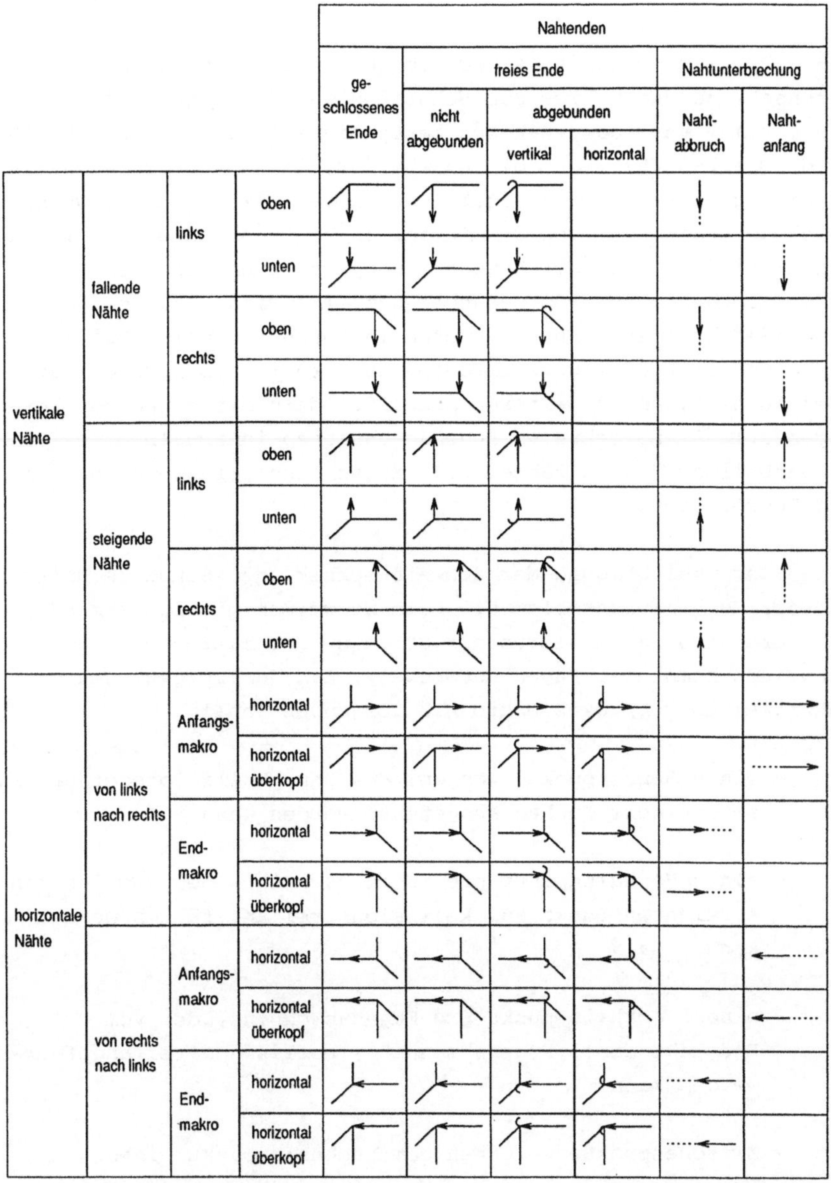

Bild 26: theoretisch notwendige Makros zum Schweißen
gerader Fugen

7.1.2 Entwicklung von Makros zum Schweißen komplexer Fugen

Ein Makro zum Schweißen einer komplexen Fuge entspricht - im Gegensatz zu den Makros zum Schweißen gerader Fugen - exakt einem vom Planer ausgewählten bestgeeigneten komplexen Schweißbild. Das bedeutet, daß die Anzahl der für die vollständige Abarbeitung einer Schweißaufgabe benötigten Makros zum Schweißen komplexer Fugen nur von der Anzahl an bestgeeigneten komplexen Schweißbildern, die der Anwender ausgewählt hat und den schweißtechnischen Anforderungen bestimmt wird. Makros zum Schweißen komplexer Fugen treten insbesondere bei Schweißaufgaben von Profildurchführungen und Profilverbindungen auf, aber auch bei allen weiteren Schweißbildern mit einem komplexen Fugenverlauf und mehreren Fugenabschnitten innerhalb eines Schweißbilds. Hierzu zählen z.B. Kniebleche, Einschweißbuchsen und Lenzbrunnen.

Unter Berücksichtigung der Schweißtechnik, der Sensortechnik und der Kollisionsproblematik beim Schweißen mit Industrierobotern wird im Verfahren die Struktur der Makros zum Schweißen komplexer Fugen entwickelt. Ein derartiges, neu entwickeltes komplexes Makro hat folgenden Inhalt:

- einen Sensorpunkt, von dem aus ohne Kollisionsgefahr das sensorische Suchen ausgeführt werden kann

- einen Vorhaltepunkt pro Fugenabschnitt, der vom letzten erreichten Punkt aus kollisionsfrei angefahren werden kann,

- einen Nachhaltepunkt pro Fugenabschnitt, der vom Endpunkt eines Fugenabschnitts kollisionsfrei angefahren werden kann,

- Zwischenpunkte zwischen dem Nachhaltepunkt eines Fugenabschnitts und dem Vorhaltepunkt des nächsten Fugenabschnitts, soweit es die Kollisionsproblematik am Bauteil notwendig macht,

- das sensorische Suchen eines definierten Bezugspunkts des Makros, der, wenn es sensorisch möglich ist, mit dem Anfangspunkt des ersten Fugenabschnitts identisch ist,

- das Anfahren der Anfangspunkte aller Fugenabschnitte,

- das Zünden des Lichtbogens,

- das Schweißen der Fugenabschnitte, mit schweißtechnisch optimaler Brennerorientierung,

- die sensorische Fugenverfolgung während des Schweißens,

- die Schweißparameter, die die vorgeschriebene Nahtdicke in der benötigten Qualität erzeugen und,

- das Löschen des Lichtbogens.

7.1.3 Entwicklung von Makros zum Suchen mit dem Gasdüsensensor

Das sensorische Suchen des Fugenpunktes, an dem der Nahtanfang liegen soll, erfolgt vor dem eigentlichen Schweißvorgang, d.h. während des Suchens brennt kein Lichtbogen. Es wird für das vorliegende Werkstückspektrum nach der geometrischen Ausprägung dieses Fugenpunktes in

- das Suchen einer Fuge,

- das Suchen einer Kante und

- das Suchen einer Ecke

gegliedert, Bild 27. Für diese Suchfunktionen, kommt im Verfahren der Gasdüsensensor zum Einsatz, d.h. er muß im Verfahren mit angesteuert werden. Er ist der bekannteste marktverfügbare geometrieorientierte, elektrisch wirkende berührende Sensor und besonders geeignet, da keine zusätzlichen Bauteile die Kollisionsgefahr erhöhen. Er gewinnt seine Meßwerte aus der Geometrie der Fuge bzw. einer definiert dazu verlaufenden Kante oder Fläche.

Das Suchen einer Fuge kommt zum Einsatz, wenn der Nahtanfang frei in der Fuge, d.h. nicht an einem Ende der Fuge liegt. Hierfür wird im Verfahren das Makro zum Suchen einer Fuge mit dem Gasdüsensensor neu entwickelt. Es beinhaltet:

- die Aktivierung des Gasdüsensensors,

- eine langsame Suchbewegung vom Sensorvorhaltepunkt aus mit definierter Suchrichtung normal zum ersten Bauteil,

- die Deaktivierung des Gasdüsensensors beim Kontakt der Gasdüse mit dem ersten Bauteil,

- eine Rückziehbewegung vom ersten Bauteil um einen definierten Betrag, der dem schweißtechnisch optimalen Abstand der Düse vom Bauteil beim Schweißen entspricht,

- die Aktivierung des Gasdüsensensors,

- eine langsame Suchbewegung mit definierter Suchrichtung normal zum zweiten Bauteil,

- die Deaktivierung des Gasdüsensensors beim Kontakt der Gasdüse mit dem zweiten Bauteil und

- eine Rückziehbewegung vom zweiten Bauteil um einen definierten Betrag, der dem schweißtechnisch optimalen Abstand der Düse vom Bauteil beim Schweißen entspricht.

Das Suchen einer Kante kommt zum Einsatz, wenn der Nahtanfang in der Fuge an der Kante eines der zu verschweißenden Bauteile liegt. Im Verfahren wird das Makro zum Suchen einer Kante neu entwickelt. Es baut auf dem Makro zum Suchen einer Fuge auf und erweitert es um einen dritten Suchvorgang einer Kante des ersten oder zweiten Bauteils. Es beinhaltet:

- das Makro Fuge suchen,
- eine Verfahrbewegung in Fugenrichtung über die erwartete Kante hinaus,
- eine definierte Zustellbewegung orthogonal zur Fuge vor die Kante des Bauteils,
- die Aktivierung des Gasdüsensensors,
- eine langsame Suchbewegung mit definierter Suchbewegung parallel zur Fuge auf die erwartete Kante zu,
- die Deaktivierung des Gasdüsensensors beim Kontakt der Gasdüse mit der Kante,
- eine Rückziehbewegung von der Kante weg parallel zur Fuge um einen definierten Betrag,
- eine Positionierbewegung an den Fugenanfangspunkt.

Das Suchen einer Ecke kommt zum Einsatz, wenn der Nahtanfang in einer Ecke liegt, die von den zu verschweißenden Bauteilen gebildet wird. Das Makro zum Suchen einer Ecke wird im Verfahren neu entwickelt. Es baut ebenfalls auf dem Makro zum Suchen einer Fuge auf und erweitert es um einen dritten Suchvorgang an einem dritten Bauteil und hat folgenden Inhalt:

- das Makro Fuge Suchen,
- die Aktivierung des Gasdüsensensors,
- eine langsame Suchbewegung mit definierter Suchrichtung normal zum dritten Bauteil,

- die Deaktivierung des Gasdüsensensors beim Kontakt der Gasdüse mit dem dritten Bauteil und

- eine Rückziehbewegung vom dritten Bauteil um einen definierten Betrag, der dem schweißtechnisch optimalen Abstand der Gasdüse vom Bauteil beim Schweißen entspricht.

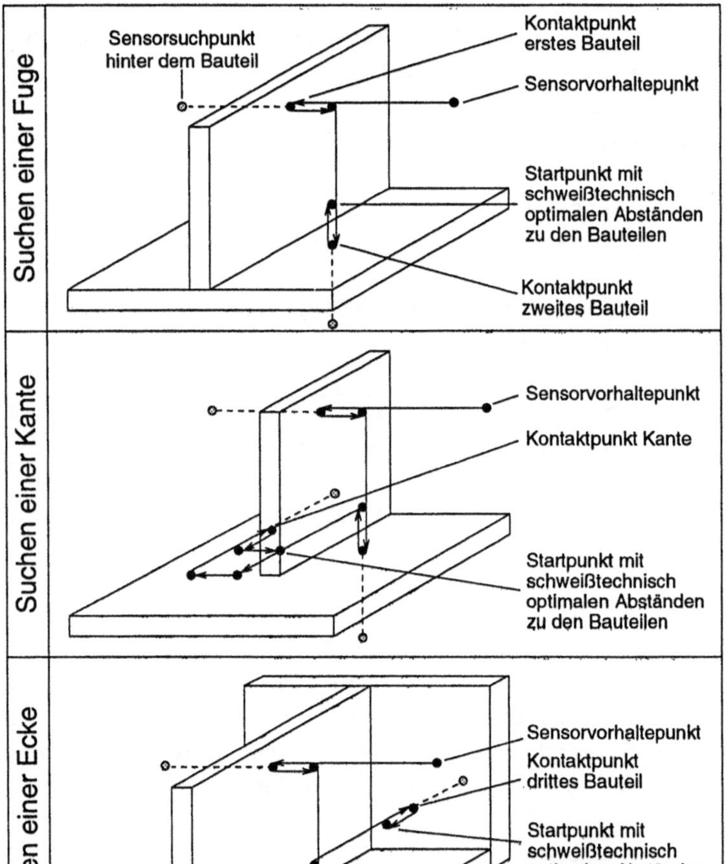

Bild 27: Suchstrategien mit dem Gasdüsensensor

7.1.4 Entwicklung von Makros zum Korrigieren mit dem Lichtbogensensor

Das sensorische Verfolgen der Fuge, das Erkennen von Heftstellen, Luftspalten und Fugenenden und das Erkennen der Enden von Nähten, die bereits vorher in dieser Fuge erzeugt wurden, soll während des Schweißvorgangs erfolgen, d.h. während der Lichtbogen brennt. Dadurch wird keine produktive Zeit des Industrierobotersystems für diese sensorischen Tätigkeiten benötigt. Hierzu soll der Lichtbogensensor Verwendung finden, d.h. er muß im Verfahren mit angesteuert werden. Er arbeitet prozeßorientiert, mechanisch gependelt mit analoger Meßwertaufnahme und wertet die Spannung bzw. die Stromstärke während des Schweißvorgangs aus. Er benötigt keine zusätzlichen Bauteile, die die Kollisionsgefahr erhöhen und wird oft für Kehlfugen verwendet. Voraussetzung für das Funktionieren des Lichtbogensensors ist das mechanische Pendeln des Schweißbrenners. Dies gehört bei der heutigen Generation von Industrierobotergrundgeräten zum Stand der Technik.

Zum Verfolgen einer Fuge mit dem Lichtbogensensor werden im Verfahren Makros entwickelt, die folgenden Inhalt haben:

- die Korrekturgeschwindigkeit für die Seitenkorrektur und

- die Korrekturgeschwindigkeit für die Höhenkorrektur.

Beim MAG-Schweißen von Doppelbodensektionen, Seitentanksektionen und Schotten wird bei allen Fugen der Lichtbogensensor zur Fugenverfolgung verwendet. Deshalb werden die Inhalte der Makros zum Verfolgen einer Fuge direkt in die Schweiß-Makros mit aufgenommen. Damit reduziert sich die Anzahl an Makros, die zur Erstellung eines steuerungsspezifischen Industrieroboterprogramms benötigt werden.

Ein Makro zum Erkennen von Heftstellen muß den Anfang und das Ende einer Heftstelle, die zur Fixierung der Einzelteile bereits in der zu schweißenden Fuge liegt, erkennen und die

Schweißparameter während des Überschweißens der Heftstelle derart anpassen, daß das Nahtbild, die Nahtdicke und -qualität den Anforderungen entspricht. Im Verfahren werden Makros zum Erkennen von Heftstellen mit dem Lichtbogensensor entwickelt, die folgenden Inhalt haben:

- die Aktivierung des Sensors,

- die Korrektur-Schweißparameterliste zum Überschweißen der Heftstelle,

- die Aktivierung der Korrektur-Schweißparameterliste bei sensorischer Erkennung des Heftstellenanfangs,

- die Aktivierung der ursprünglichen Schweißparameterliste bei sensorischer Erkennung des Heftstellenendes und

- die Deaktivierung des Sensors.

Ein Makro zum Erkennen von Luftspalten muß den Luftspalt einer Fuge erkennen, der über dem tolerierbaren Maß liegt und die Schweißparameter während des Überschweißens des Luftspalts derart anpassen, daß das Nahtbild, die Nahtdicke und -qualität den Anforderungen entspricht. Die neu entwickelten Makros beinhalten:

- die Aktivierung des Sensors,

- die Korrektur-Schweißparameterliste zum Überschweißen des Luftspalts,

- die Aktivierung der Korrektur-Schweißparameterliste bei sensorischer Erkennung des Luftspalts,

- die Aktivierung der ursprünglichen Schweißparameterliste bei sensorischer Erkennung des Luftspaltenendes,

- die Deaktivierung des Sensors.

Ein Makro zum Erkennen einer bereits geschweißten Naht muß den Anfang einer Naht, die bereits in der zu schweißenden Fuge liegt, während des Schweißens erkennen und die Schweißparameter derart anpassen, daß mit einer schweißtechnisch geforderten Überlappung der Schweißvorgang beendet wird. Die im Verfahren neu entwickelten Makros haben folgenden Inhalt:

- die Aktivierung des Sensors,
- die Korrektur-Schweißparameterliste zum Schweißen der Überlappung,
- die Aktivierung der Korrektur-Schweißparameterliste bei sensorischer Erkennung des Nahtanfangs,
- die Aktivierung des Sensors,
- die Schweißparameterliste zum Schweißen der Überlappung,
- die Deaktivierung des Sensors und
- das Löschen des Lichtbogens.

Ein Makro zum Erkennen von Fugenenden muß Fugenenden, die nicht in einer Ecke liegen, während des Schweißens erkennen und die Schweißparameter derart anpassen, daß ein schweißtechnisch optimales Nahtende geschweißt wird. Hierbei wird unterschieden in ein abgebundenes Nahtende, bei dem auch die Schweißbrennerorientierung verändert wird und ein nichtabgebundenes Nahtende, bei dem der Schweißbrenner über den Seitenkorrekturwert des Lichtbogensensors zur Nahtverfolgung ein Stück hinter die Kante des die Fuge beendenden Bauteils geführt wird. Das im Verfahren neu entwickelte Makro hat folgenden Inhalt:

- die Aktivierung des Sensors,
- die Schweißparameterliste zum Schweißen des Nahtendes, ggf. mit Endkraterfüllung,

- bei abgebundenen Nahtenden die Änderung der Brennerorientierung,

- die Deaktivierung des Sensors und

- das Löschen des Lichtbogens.

7.1.5 Entwicklung von Makros zum Verschieben von Makros

Makros zum Schweißen, zum Suchen mit dem Gasdüsensensor und zur Korrektur mit dem Lichtbogensensor müssen von der Relativposition zum Industrierobotergrundgerät, an der sie erstellt wurden, an die jeweilige Relativposition zum Industrierobotergrundgerät verschoben werden, an der sich das entsprechende Schweißbild bei der gewählten Industrierobotergrundgerätposition befindet. Hierzu werden die in den Steuerungen heutiger Industrieroboter verfügbaren Funktionen zum Verschieben und Verdrehen von Programmen oder Programmteilen ausgenützt. Eine weitere Verschiebung und/oder Verdrehung muß aufgrund der Abweichung dieser idealen Position im Modell von der realen Position am Werkstück erfolgen, die sensorisch ermittelt wurde. Hierzu werden im Verfahren Makros zum Verschieben von Makros entwickelt, die folgenden Inhalt haben:

- die Berechnung des Verschiebevektors,

- die Berechnung der verschobenen Koordinatenwerte und

- die Speicherung der verschobenen Position.

7.1.6 Entwicklung von Makros zum Reinigen von Schweißbrennern

Schweißbrenner unterliegen beim Schweißen einer natürlichen Verschmutzung, insbesondere durch anhaftende Spritzer. Deshalb muß der Schweißbrenner in gewissen Abständen gereinigt werden. Hierzu stehen Reinigungsstationen zur Verfügung, in die der Industrieroboter den Schweißbrenner einführt und die automatisch eine mechanische Reinigung mit rotierenden Messern und ein Ausblasen der gelösten Verunreinigungen mit Druckluft vornehmen. Die Reinigungsstation ist grundsätzlich mit einer Scherstation gekoppelt, in der das freie Schweißdrahtende abgeschert wird. Das Abscheren des Schweißdrahtes entfernt einerseits das häufig am Schweißdrahtende haftende aufgeschmolzene Schweißdrahtkügelchen und bringt andererseits das freie Schweißdrahtende auf die schweißtechnisch erforderliche Länge.

Zur Reinigung der Schweißbrenner mit diesen Reinigungsstationen werden im Verfahren Makros zum Reinigen von Schweißbrennern entwickelt, die folgenden Inhalt haben:

- das Anfahren der Scherstation,
- das Abscheren des freien Schweißdrahtendes,
- das Anfahren der Reinigungsstation,
- die Reinigung des Schweißbrenners,
- das Anfahren der Scherstation,
- das Vorschieben des Schweißdrahtes und
- das Abscheren des Schweißdrahtes auf die schweißtechnisch erforderliche Länge des freien Drahtendes.

7.1.7 Entwicklung von Makros zum Wechseln von Schweißbrennern

Die Zugänglichkeit der Fugen für den Schweißbrenner ist bei den Schweißaufgaben in Doppelbodensektionen, Seitentanksektionen und Schotten teilweise sehr beengt. Nur für die jeweilige Schweißaufgabe besonders geeignete Schweißbrenner gewährleisten ein kollisionsfreies Schweißen. Deshalb müssen mehrere Schweißbrenner eingesetzt werden, die in einem Magazin gespeichert sind und automatisch eingewechselt werden. Der automatische Wechsel von Schweißbrennern gibt zudem die Möglichkeit, einen redundanten Schweißbrenner als vorbeugende Maßnahme einzuwechseln, wenn die veranschlagte Standzeit eines Schweißbrenners erreicht ist. Bevor ein Schweißbrenner beim Wechseln im Magazin abgelegt wird, muß er grundsätzlich die Reinigungsstation durchlaufen, um beim Wiedereinwechseln einen definierten Reinigungszustand zu gewährleisten. Zum Wechseln der Schweißbrenner mit einem derartigen Schweißbrennerwechselsystem werden im Verfahren Makros zum Wechseln von Schweißbrennern entwickelt, die folgenden Inhalt haben:

- das Anfahren der Scherstation,
- das Abscheren des freien Schweißdrahtendes,
- das Anfahren der Reinigungsstation,
- die Reinigung des Schweißbrenners,
- das Rückziehen des Schweißdrahtes,
- das Ablegen des Schweißbrenners,
- das Aufnehmen des neuen Schweißbrenners,
- das Einschießen des Schweißdrahtes,
- das Anfahren der Scherstation und
- das Abscheren des Schweißdrahtes auf die schweißtechnisch erforderliche Länge des freien Drahtendes.

7.2 Makroerstellung

Die Makros bestehen aus einem Geometrieteil, einem Schweißtechnikteil und einem Ablaufanweisungsteil. Entsprechend diesen Anteilen erfolgt die Erstellung der Makros in drei Schritten.

Der Geometrieteil wird mit der konventionellen Teach-In-Technik erstellt. Hierzu benützt der Anwender das Industrierobotersystem und nimmt für jedes Makro an einem realen Bauteil die notwendigen Geometrieinformationen als Punkte auf und speichert sie in der Steuerung des Industrieroboters.

Der Schweißtechnikteil wird mit einem Industrierobotersystem erstellt. Hierzu gibt der Schweißer zunächst die Schweißparameter für das jeweilige Schweiß-Makro entsprechend seinem Expertenwissen und seinen Erfahrungen vor und ermittelt dann empirisch in Schweißversuchen die bestgeeigneten Werte für die Schweißparameter.

Der Ablaufanweisungsteil wird an der Steuerung des Industrierobotersystems oder an einem separaten Rechner erstellt. Der Anwender gibt die Ablaufanweisung passend zu den geteachten Geometrieinformationen und den eingeschweißten Parameterlisten ein und bindet die drei Teile zu einem ablauffähigen Makro zusammen.

7.2.1 Das Aufnehmen der Geometrieinformationen mittels Teach-In

Für ein möglichst einfaches, bedienerfreundliches und schnelles Aufnehmen der notwendigen Geometrieinformationen der Schweiß-Makros eignet sich besonders das seit Jahren in der schweißtechnischen Fertigung mittlerer und großer Stückzahlen bewährte Teach-In. Hierzu wird ein Modell der Schweißaufgabe als Teach-In-Wand entwickelt, das von allen Seiten gut zugänglich und für den Anwender gut einzusehen ist. Das Modell entspricht der Wand einer Box, an der alle Schweißbilder für die Aufnahme der Geometrieinformationen durch das Anbringen der entsprechenden

Bauteile gebildet werden.

Um die Makros später mit Hilfe der Makros zum Verschieben von Makros (vgl. Abschnitt 7.1.5) an jeder beliebigen Position einer beliebigen Boxwand plazieren zu können, wird für jedes Schweiß-Makro ein definierter Bezugspunkt eingeführt, der ebenfalls mittels Teach-In aufgenommen und gekennzeichnet wird, Bild 28. Weiterhin werden neben den Fugenpunkten, die direkt zur Erzeugung der Naht erforderlich sind, Anfahrpunkte, Vorhaltepunkte, Nahtpunkte, Nachhaltepunkte, Zwischenhaltepunkte und Wegfahrpunkte (vgl. Abschnitte 7.1.1 und 7.1.2) mittels Teach-In aufgenommen.

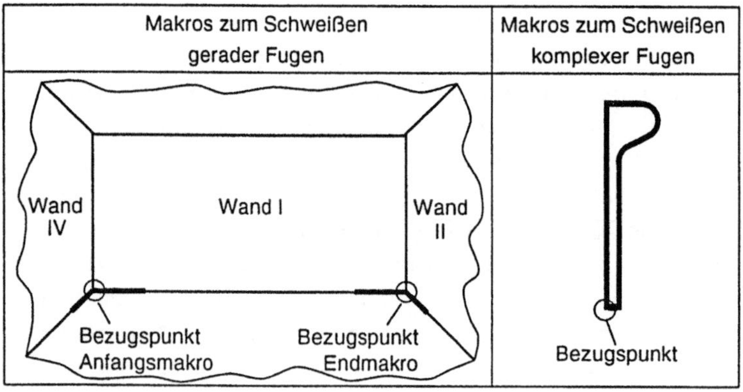

Bild 28: Bezugspunkte der Makros

Von den Standard-Makros benötigen ausschließlich die Makros zum Reinigen und Wechseln der Schweißbrenner Geometrieinformationen, die der Anwender mit dem Industrierobotersystem aufnimmt. Scherstation, Reinigungsstation und Wechselstation sind an einer definierten, relativ zum Industrierobotergrundgerät feststehenden Position angebracht, so daß ein einmaliges Anfahren und Speichern der Punkte, die für das Reinigen und Wechseln der Schweißbrenner benötigt werden, ausreicht.

7.2.2 Erstellen der Ablaufanweisung

Der Anwender erstellt die Ablaufanweisungen wahlweise an der Steuerung des Industrierobotersystems oder an einem separaten Programmierplatz auf einem PC, um damit die unproduktiven Zeiten des Industrierobotersystems zu verkürzen.

Die Ablaufanweisungen enthalten in einer für das jeweilige Industrierobotersystem steuerungsspezifischen Syntax den Ablauf, in dem der Industrieroboter seine Aufgabe bearbeitet. Die Ablaufanweisung für ein Makro bezieht sich dabei auf die aufgenommenen Geometrieinformationen und die eingeschweißten Parameterlisten und hat folgenden Inhalt, wie er von konventionellen Programmen für Industrierobotersysteme bekannt ist:

- die Reihenfolge, in der die geteachten Punkte angefahren werden, und

- die Interpolationsart, mit der die IR-Steuerung die Bahnplanung während des Bewegungsvorganges durchführt.

Die Ablaufanweisung für ein Schweiß-Makro beinhaltet zusätzlich:

- die erforderlichen schweißtechnischen Parameter und

- den Aufruf der benötigten Standard-Makros.

Ein Makro ist damit für sich alleine nicht als Programm in der Steuerung des Industrierobotersystem lauffähig. Ein funktionstüchtiges steuerungsspezifisches Industrieroboterprogramm muß in der inhaltlich und syntaktisch korrekten Weise und in der vorgeschriebenen Reihenfolge aus den für die jeweilige Schweißaufgabe geeigneten Makros zusammengesetzt werden.

8 Generierung von makrobasierenden Arbeitsprogrammen

Mit dem neu zu entwickelnden Verfahren soll der Anwender unter Verwendung der Fertigungszeichnungen und den in Kapitel 5, 6 und 7 beschriebenen Modellen, Schweißbildern und Makros alle zum Schweißen mit Industrierobotersystemen benötigten Relativbewegungen zwischen Schweißbrenner und Fuge unter Berücksichtung der schweißtechnischen Anforderungen in einer Datenverarbeitungsanlage rechnergestützt bestimmen und damit für jede Box ein lauffähiges Programm für die Steuerung des Industrierobotersystems generieren können. Weiterhin soll das neu zu entwikkelnde Verfahren den Anwender bei der Erstellung der Fertigungsunterlagen für das Ausschweißen der Box unterstützen und entsprechende Fertigungsunterlagen generieren können.

Um den Anwender in der Systematik bei der Generierung von Arbeitsprogrammen zu unterstützen, wird der Ablauf bei der Generierung von Arbeitsprogrammen in dieser Arbeit in vier aufeinander aufbauende Schritte gegliedert. Die einzelnen Schritte sind dabei so aufgebaut, daß sie jeweils einen logischen, in sich abgeschlossenen Arbeitsumfang beinhalten. Die Art der rechentechnischen Realisierung zwingt dabei den Anwender alle Schritte und die darin enthaltenen Teilschritte in der vorgegebenen Reihenfolge zu bearbeiten, was ein strukturiertes, zielorientiertes Vorgehen bei der Generierung von Arbeitsprogrammen gewährleistet.

Der erste Schritt umfaßt die Generierung aller Angaben über das Schiff, die Sektion und die Box, die für eine Zuordnung des erstellten Arbeitsprogramms zu den in der Fertigung befindlichen Sektionen notwendig sind. Hierfür kommt bei der rechentechnischen Umsetzung eine Sektions-Box-Datei zur Anwendung, in der alle Informationen während der Generierung eines Arbeitsprogramms gespeichert werden.

Der zweite Schritt beinhaltet die Generierung aller Angaben über die Schweißaufgabe der Box, für die ein Arbeitsprogramm erstellt werden soll. Hierzu kommen die Fertigungszeichnung der

Box, und die neu entwickelten Schweißbilder und Makros zur Anwendung.

Der dritte Schritt umfaßt die Festlegung des Schweißablaufs. Hierzu gehören die Definition der Positionen des Industrierobotergrundgeräts vor den einzelnen Wänden, die Zuordnung der im zweiten Schritt ausgewählten Schweißbilder und Makros zu den einzelnen Roboterpositionen und die Festlegung der Reihenfolge, in der die Schweißbilder vom Industrierobotersystem bearbeitet werden sollen.

Der vierte Schritt umfaßt die rechentechnische Generierung des Arbeitsprogramms aus den Informationen und Daten, die in den vorherigen Schritten erzeugt und in der Sektions-Box-Datei gespeichert wurden. Hierzu kommen Algorithmen, Methoden, Regeln und Daten zur Anwendung, die im Verfahren integriert sind.

Ein Anwendungsbeispiel verdeutlicht die Praxistauglichkeit des Verfahrens in allen Arbeitsschritten. Für das Anwendungsbeispiel wird eine hinsichtlich ihrer Anforderungen repräsentative Box ermittelt.

8.1 Ermittlung einer repräsentativen Box

8.1.1 Methode zur Ermittlung einer repräsentativen Box

Für die Ermittlung der repräsentativen Box sind alle derzeit in der Planung oder in der Fertigung befindlichen Doppelbodensektionen, Seitentanksektionen und Schotten zu analysieren, für die Arbeitsprogramme generiert werden sollen. Als Analysekriterien dienen dabei alle Merkmale der Box, die einen Einfluß besitzen auf die Relativbewegung zwischen Fuge und Schweißbrenner, auf die schweißtechnischen Anforderungen und auf die Erstellung von Fertigungsunterlagen. Im einzelnen sind dies:

- die Länge, Breite und Höhe der Boxen,

- die Anzahl der Einzelteile in den Boxen,

- die Typen der Einzelteile in den Boxen,

- die Längen, Breiten und Höhen der Einzelteile in den Boxen,

- die Anzahl der Fugen in den Boxen,

- die Längen der Fugen in den Boxen und

- die Arbeitsorientierungen der Fugen.

Für die Ermittlung der repräsentativen Box sind vom Anwender sämtliche Analyseergebnisse quantitativ und qualitativ zu vergleichen und die Box auszuwählen, bei der die Analyseergebnisse am geringsten von den Analyseergebnissen der Gesamtheit aller betrachteten Boxen abweichen.

8.1.2 Repräsentative Box

Bild 29 zeigt Analysen, die für diese Arbeit bei zwei Werften durchgeführt wurden. die Analysen betrachten 70 Boxen aus fünf Doppelboden- und Seitentanksektionen.

Die Boxen der analysierten Sektionen weisen eine große Bandbreite hinsichtlich aller Analysekriterien auf. Die Längen bewegen sich von 600 mm bis 2100 mm, die Breiten von 680 mm bis 3780 mm und die Höhen von 1000 mm bis 1700 mm. Eine Häufung von Boxen ist im Bereich von 1400 mm bis 1634 mm in der Länge und 1680 mm bis 2538 mm in der Breite festzustellen. Die Höhen variieren dabei von 1000 mm bis 1480 mm. Die Anzahl der Einzelteile liegt zwischen 5 und 19 mit Häufungen bei 5, 11, und 13. Den größten Anteil an zu verschweißenden Einzelteilen besitzen die Einzelteiltypen Längsträger und Bodenwrange, die jede Box als Wände begrenzen. Bei den Profilen, die zur Versteifung auf den Innenboden und an die Boxwände geschweißt werden, liegen Häufungen bei den Hollandprofilen 200x10 und 160x8 und bei dem Flachprofil 180x10 vor.

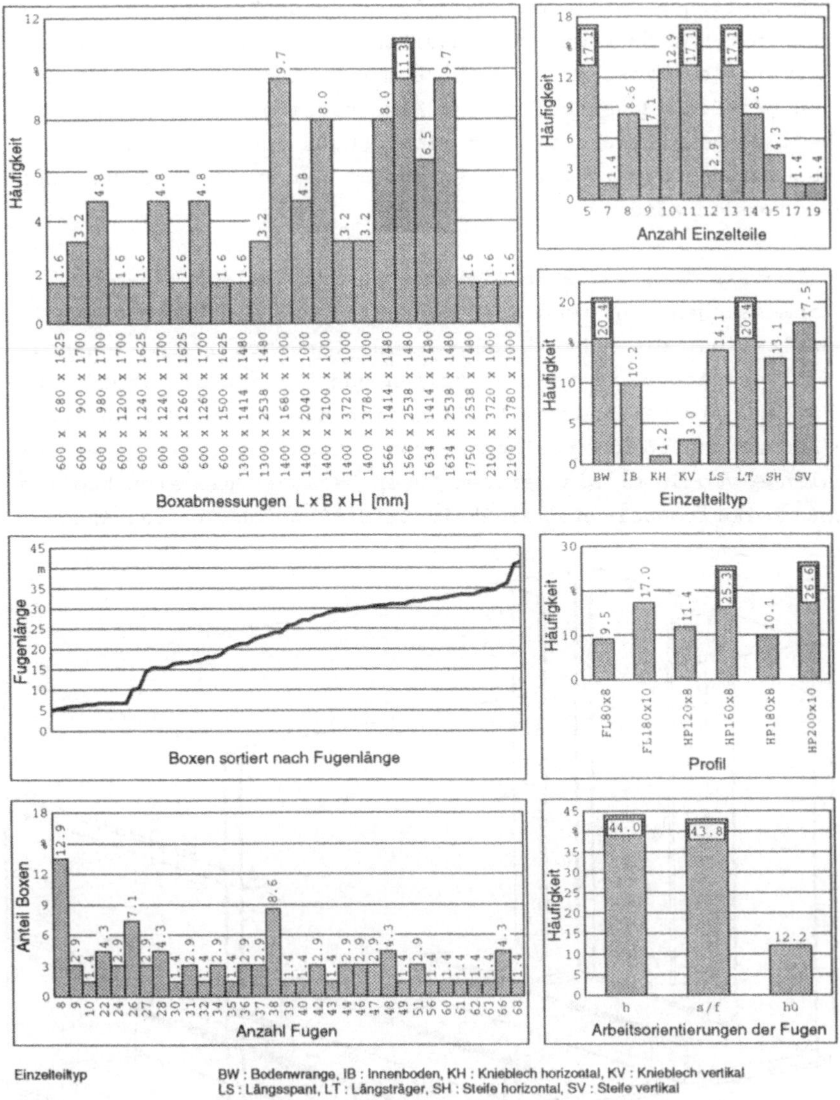

Einzelteiltyp	BW : Bodenwrange, IB : Innenboden, KH : Knieblech horizontal, KV : Knieblech vertikal LS : Längsspant, LT : Längsträger, SH : Steife horizontal, SV : Steife vertikal
Profile	FL : Flachprofil, HP : Hollandprofil
Arbeitsorientierung der Fugen	h : horizontal, s/f : steigend/fallend, hü : horizontal überkopf

Bild 29: Analysen von Doppelboden- und Seitentanksektionen

Eine Box besitzt mindestens acht Fugen, die für die Verbindung der Wände und des Innenbodens mit den Wänden erforderlich sind. Die Fugenlängen variieren von 4,96 m bis 41,35 m pro Box, wobei zwischen 8 und 68 Fugen zu schweißen sind. Eine Häufung ist festzustellen zwischen 7 m und 28 m Fugenlänge und bei 8 und 38 Fugen pro Box. Hinsichtlich der Arbeitsorientierung beim Schweißen zeigt sich, daß 50% aller Fugen in horizontaler Orientierung, 38% in vertikaler und 9% der Fugen halb-überkopf zu schweißen sind.

Die repräsentative Box in diesem Anwendungsbeispiel hat die Boxabmessungen 1566 mm x 2538 mm x 1480 mm. Sie besteht aus 13 Einzelteilen, die neben Bodenwrangen, Längsträger und Innenboden Längsspanten, vertikale Steifen und horizontale Steifen beinhalten. Die verwendeten Profile sind die beiden Hollandprofile 200x10 und 160x7. Die Box beinhaltet 44 Fugen mit einer Fugenlänge von 38 m. Die meisten Fugen besitzen die Arbeitsorientierung horizontal und vertikal. Bild 30 zeigt die repräsentative Box.

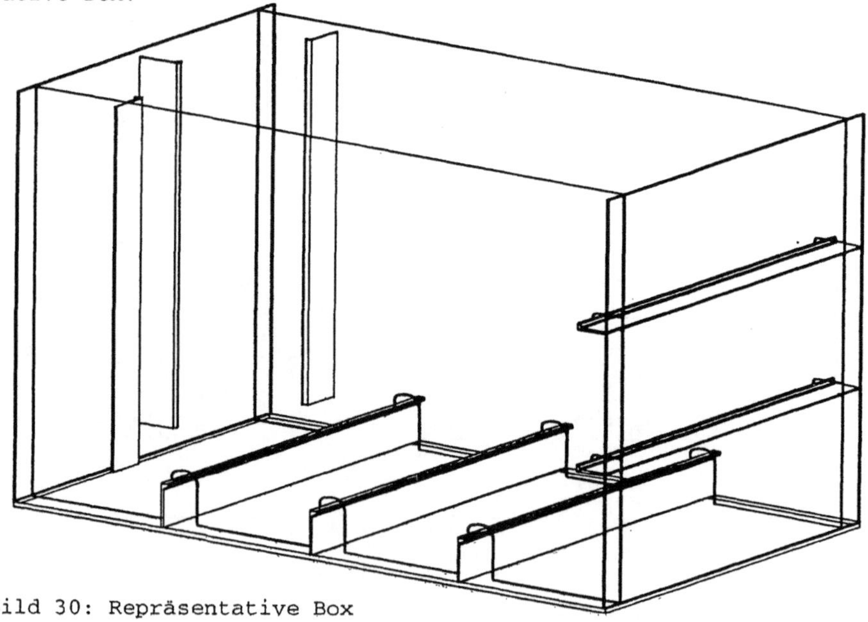

Bild 30: Repräsentative Box

8.2 Entwicklung von Sektions-Box-Dateien

Das Verfahren erzeugt im ersten Schritt der makrobasierenden Arbeitsprogrammgenerierung eine eindeutige Sektions-Box-Datei, die als Identifikationsmerkmale die Auftragsnummer des Schiffs, die Sektionsnummer und die Boxnummer enthält. Die Informationen jedes Arbeitsschritts bei der Generierung des Arbeitsprogramms für die auszuschweißende Box werden in dieser Datei gespeichert.

8.2.1 Definieren einer Sektions-Box-Datei

Die Definition einer neuen Sektions-Box-Datei erfolgt im Verfahren durch die Angabe der Stammdaten einer Box. Diese beinhalten die Auftragsnummer des Schiffs, die Sektionsnummer und die Boxnummer, die gemeinsam eindeutig die Box festlegen und somit eine werftweit durchgängige Archivierung der generierten Arbeitsprogramme gewährleisten, und die Lage der Box im Schiff angeben. In der Nomenklatur des Schiffbaus dient hierzu in Schiffslängsrichtung die Nummern der Längsspanten, in Schiffsquerrichtung die Angabe des Abstandes auf Mitte Schiff (a. m. S.) und die Seite a. m. S., auf der die Box liegt. Diese Angaben gehen direkt in die Erstellung der Fertigungsunterlagen ein und gewährleisten in der Fertigung eine fehlerfreie Zuordnung eines Programms für die Steuerung des Industrierobotersystems und der Fertigungsunterlagen zur jeweiligen Box. Die weiteren Angaben beinhalten die äußeren Maße der Box in Länge, Breite und Höhe. Damit liegt die Position des Box-Koordinatensystems im Schiff und die Position der fünf Wand-Koordinatensysteme im Boxkoordinatensystem fest, Bild 31. Zuletzt legt der Anwender das Industrierobotersystem fest, mit dem die Box ausgeschweißt werden soll. Das Verfahren unterstützt in seiner rechentechnischen Realisierung den Anwender hierbei mit der Anzeige aller verfügbaren Industrierobotersysteme.

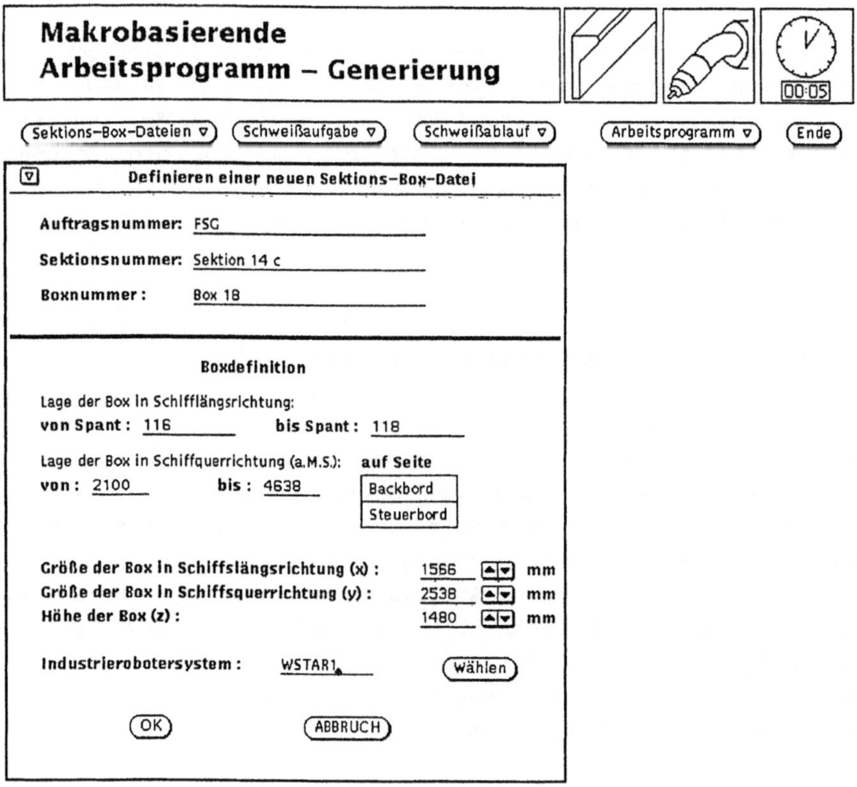

Bild 31: Beispiel einer Sektions-Box-Datei

8.2.2 Arbeiten mit Sektions-Box-Dateien

Die rechentechnische Realisierung erlaubt es dem Anwender, eine einmal angelegte Sektions-Box-Datei in der Rechenanlage weiter zu bearbeiten. Dies kann sowohl zur Fertigstellung als auch zur Korrektur eines Arbeitsprogramms dienen. Bild 32 zeigt als Anwendungsbeispiel die Liste aller gespeicherten Sektions-Box-Dateien, die zur weiteren Bearbeitung zur Verfügung stehen.

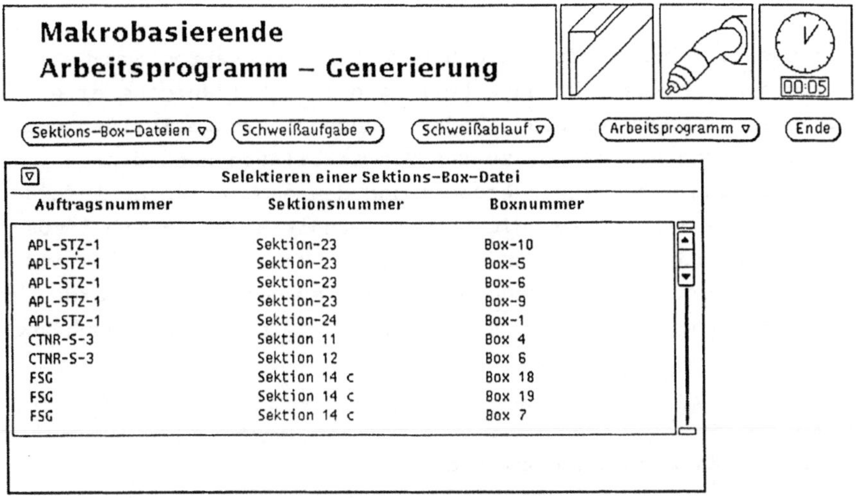

Bild 32: Beispiel der Liste mit Sektions-Box-Dateien

In einer Sektion treten häufig Boxen mit identischen äußeren Maßen auf, die sich nur in einigen Einschweißteilen unterscheiden. Das Verfahren unterstützt den Anwender bei der Erstellung eines Arbeitsprogramms einer derart ähnlichen Box, indem es das Duplizieren und Umbenennen von Sektions-Box-Dateien ermöglicht. Eine so erzeugte Sektions-Box-Datei stellt das Verfahren dann zur Veränderung entsprechend den Schweißaufgaben zur Verfügung. Dieses Duplizieren von vollständigen Sektions-Box-Dateien befreit den Anwender von zeitraubender Wiederholung gleicher Arbeitsschritte bei der makrobasierenden Arbeitsprogramm-Generierung.

Das Verfahren zeigt in seiner rechentechnischen Realisierung nach der Definition bzw. dem Laden einer Sektions-Box-Datei bei allen Arbeitsschritten ein Informationsfenster mit der Auftragsnummer, der Sektionsnummer und der Boxnummer der aktuellen Sektions-Box-Datei am unteren Ende des Bildschirms an. Diese Informationen unterstützen den Anwender, auch nach einer Unterbrechung bei der Arbeitsprogramm-Generierung, fehlerfrei fortzufahren.

8.3 Bearbeiten der Schweißaufgabe

Der zweite Schritt der makrobasierenden Arbeitsprogramm-Generierung beinhaltet die Unterteilung der Schweißaufgabe einer Box nach den geometrischen Anforderungen in Schweißbilder und die Zuordnung von Makros zu den Schweißbildern nach den schweißtechnischen Anforderungen und den geometrischen Anforderungen, die Einfluß auf die Schweißtechnik haben. Hierbei müssen die Koordinatenangaben der Bezugspunkte von den Wandkoordinatensystemen in das Boxkoordinatensystem umgerechnet werden, wozu Transformationen der Koordinatensysteme zur Anwendung kommen.

8.3.1 Koordinatentransformation

Die Angabe der Bezugspunktkoordinaten eines Makros erfolgen im Koordinatensystem der Wand, auf der das Makro liegt. Zur weiteren Verrechnung und für Plausibiliätstests werden diese Angaben von den Wandkoordinatensystemen in das Boxkoordinatensystem transformiert. Für die Transformation kommen im Verfahren die (4x4)-Transformationsmatrizen zur Anwendung, die folgenden Aufbau haben:

$$A = \begin{pmatrix} R & T \\ P & s \end{pmatrix}$$

hierbei gilt:

- R: (3x3)-Rotationsmatrix
- T: 3-dimensionaler Verschiebungsvektor
- P: Perspektive als einen 3-dimensionalen Zeilenvektor
- s: Skalierungsfaktor

Bei dieser Anwendung gilt dabei:

$$P = (0,0,0) \quad \text{und} \quad s = 1.$$

Das Wandkoordinatensystem der Wand I WKS_I liegt mit seinem Ursprung im Ursprung des Boxkoordinatensystems BKS. Damit lautet die Transformationsgleichung:

$$\begin{pmatrix} x_{BKS} \\ y_{BKS} \\ z_{BKS} \\ 1 \end{pmatrix} = \begin{pmatrix} 1 & 0 & 0 & 0 \\ 0 & 1 & 0 & 0 \\ 0 & 0 & 1 & 0 \\ 0 & 0 & 0 & 1 \end{pmatrix} \cdot \begin{pmatrix} x_{WKS_I} \\ y_{WKS_I} \\ z_{WKS_I} \\ 1 \end{pmatrix}$$

Mit dem Spezialfall, daß die zu transformierenden Punkte grundsätzlich auf der Wand liegen

$$x_{WKS_I} = 0 = x_{BKS}$$

ergibt sich:

$$\begin{pmatrix} x_{BKS} \\ y_{BKS} \\ z_{BKS} \\ 1 \end{pmatrix} = \begin{pmatrix} 0 \\ y_{WKS_I} \\ z_{WKS_I} \\ 1 \end{pmatrix}$$

Das Wandkoordinatensystem der Wand II WKS_{II} liegt mit seinem Ursprung längs der y-Achse des Boxkoordinatensystems BKS verschoben. Damit lautet die Transformationsgleichung:

$$\begin{pmatrix} x_{BKS} \\ y_{BKS} \\ z_{BKS} \\ 1 \end{pmatrix} = \begin{pmatrix} 1 & 0 & 0 & 0 \\ 0 & 1 & 0 & l_{Box\_y} \\ 0 & 0 & 1 & 0 \\ 0 & 0 & 0 & 1 \end{pmatrix} \cdot \begin{pmatrix} x_{WKS_{II}} \\ -(y_{WKS_{II}}) \\ z_{WKS_{II}} \\ 1 \end{pmatrix}$$

Mit dem Spezialfall, daß die zu transformierenden Punkte grundsätzlich auf der Wand liegen

$$y_{WKS_{II}} = 0 = y_{BKS}$$

ergibt sich:

$$\begin{pmatrix} x_{BKS} \\ y_{BKS} \\ z_{BKS} \\ 1 \end{pmatrix} = \begin{pmatrix} x_{WKS_{II}} \\ l_{Box\_y} \\ z_{WKS_{II}} \\ 1 \end{pmatrix}$$

Das Wandkoordinatensystem der Wand III WKS_{III} liegt mit seinem Ursprung längs der x-Achse und der y-Achse des Boxkoordinatensystems *BKS* verschoben und um die z-Achse gedreht. Die Transformationsgleichung lautet:

$$\begin{pmatrix} x_{BKS} \\ y_{BKS} \\ z_{BKS} \\ 1 \end{pmatrix} = \begin{pmatrix} -1 & 0 & 0 & l_{Box\_x} \\ 0 & -1 & 0 & l_{Box\_y} \\ 0 & 0 & 1 & 0 \\ 0 & 0 & 0 & 1 \end{pmatrix} \cdot \begin{pmatrix} x_{WKS_{III}} \\ y_{WKS_{III}} \\ z_{WKS_{III}} \\ 1 \end{pmatrix}$$

Mit dem Spezialfall, daß die zu transformierenden Punkte grundsätzlich auf der Wand liegen

$$x_{WKS_{III}} = 0 = x_{BKS}$$

ergibt sich:

$$\begin{pmatrix} x_{BKS} \\ y_{BKS} \\ z_{BKS} \\ 1 \end{pmatrix} = \begin{pmatrix} l_{Box\_x} \\ l_{Box\_y} - y_{WKS_{III}} \\ z_{WKS_{III}} \\ 1 \end{pmatrix}$$

Das Wandkoordinatensystem der Wand IV WKS_{IV} liegt mit seinem Ursprung um die z-Achse des Boxkoordinatensystems gedreht und um die x-Achse verschoben. Die Transformationsgleichung lautet:

$$\begin{pmatrix} x_{BKS} \\ y_{BKS} \\ z_{BKS} \\ 1 \end{pmatrix} = \begin{pmatrix} -1 & 0 & 0 & l_{Box\_x} \\ 0 & -1 & 0 & 0 \\ 0 & 0 & 1 & 0 \\ 0 & 0 & 0 & 1 \end{pmatrix} \cdot \begin{pmatrix} x_{WKS_{IV}} \\ -(y_{WKS_{IV}}) \\ z_{WKS_{IV}} \\ 1 \end{pmatrix}$$

Mit dem Spezialfall, daß die zu transformierenden Punkte grundsätzlich auf der Wand liegen

$$y_{WKS_{IV}} = 0 = y_{BKS}$$

ergibt sich:

$$\begin{pmatrix} x_{BKS} \\ y_{BKS} \\ z_{BKS} \\ 1 \end{pmatrix} = \begin{pmatrix} l_{Box\_x} - x_{WKS_{IV}} \\ 0 \\ z_{WKS_{IV}} \\ 1 \end{pmatrix}$$

Das Wandkoordinatensystem des Bodens, mit Wand V bezeichnet, WKS_V ist identisch mit dem Boxkoordinatensystem *BKS*. Somit ist hier keine Transformation notwendig.

Hierbei gilt:

x, y, z_{BKS}:	Koordinaten im Boxkoordinatensystem
x, y, z_{WKS}:	Koordinaten im Wandkoordinatensystem, Eingaben als Abstand, d.h. $x, y, z_{WKS} > 0$
l_{BOX_x}:	Länge der Box in x-Richtung
l_{Box_y}:	Länge der Box in y-Richtung

8.3.2 Definieren von Schweißbildern und Zuordnen von Makros

Zur Definition der Schweißbilder unterteilt der Anwender zunächst die gesamte Schweißaufgabe einer Box anhand der Konstruktionszeichnung in die in Kapitel 6 bestimmten bestgeeigneten Schweißbilder. Zur eindeutigen Identifikation benötigt das Verfahren in seiner rechentechnischen Realisierung für jedes Schweißbild einen Identifikator, der über den Namen des Schweißbilds, die Schweißbild_ID, boxweit eindeutig vergeben wird. Die Angabe, auf welcher Wand der Box das Schweißbild liegt, bzw. welche Wandorientierung das Schweißbild hat, wenn es auf dem Boden der Box liegt, legt das jeweilige Wandkoordinatensystem fest. Die Auswahl, ob es sich bei diesem Schweißbild um einen komplexen Fugenverlauf oder um eine gerade Fuge handelt, steuert in der rechentechnischen Realisierung des Verfahrens die Anzeige der jeweiligen Eingabemaske.

Das Verfahren benötigt für einen komplexen Fugenverlauf die Koordinaten des Bezugspunkts in absoluten Wandkoordinaten, Bild 33.

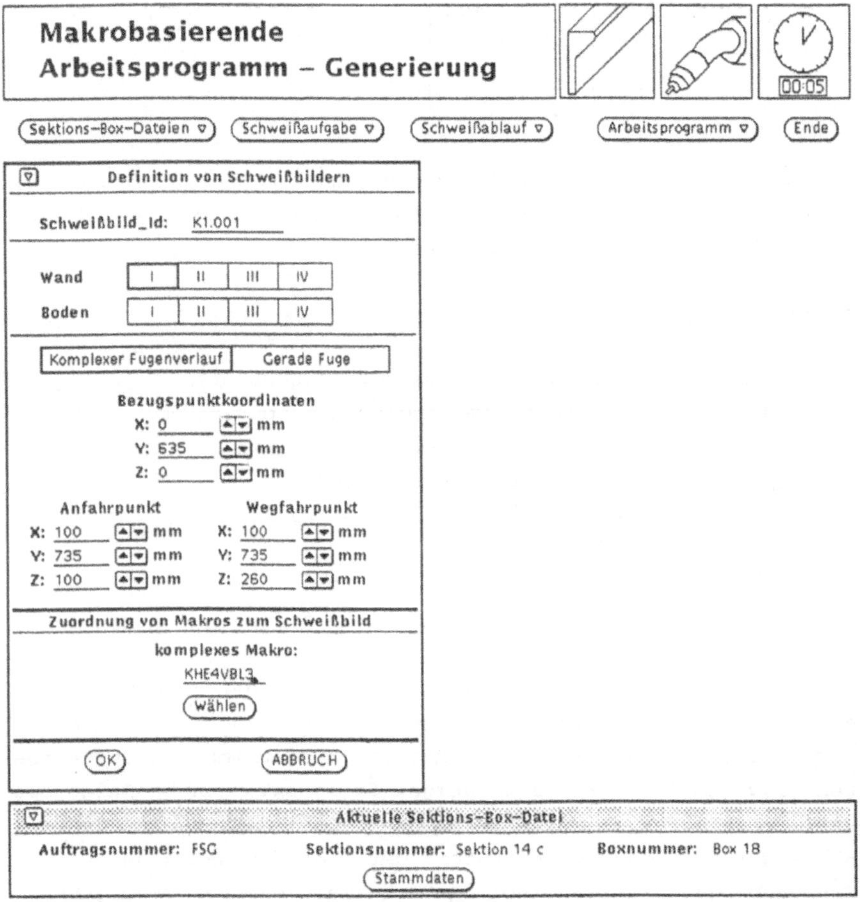

Bild 33: Schweißbilddefinition für einen komplexen Fugenverlauf

Hierbei unterstützt das Verfahren den Anwender, indem es nur die beiden Koordinaten zur Eingabe freigibt, die auf der zuvor gewählten Boxwand, entsprechend der Modellbildung, liegen.

Das Verfahren führt für die eingegebenen Werte des Bezugspunkts einen Plausibilitätstest durch, indem es die Bezugspunktkoordinaten mit den in der Sektions-Box-Datei gespeicherten Werten für die äußeren Maße der Box vergleicht. Es ist damit gewährleistet, daß die Koordinaten des Bezugspunktes auf der Boxwand liegen.

Für diesen Vergleich müssen die Bezugspunktkoordinaten vom jeweiligen Wandkoordinatensystem in das Boxkoordinatensystem transformiert werden. Diese Transformationen erfolgen mit den in Abschnitt 8.3.1 beschriebenen Transformationsmatrizen.

Das Verfahren benötigt für eine gerade Fuge die Koordinaten des Anfangspunktes und des Endpunktes, die gleichzeitig die Bezugspunkte des Anfangs- bzw. Endmakros darstellen, in Wandkoordinaten, Bild 34. Das Verfahren führt dieselben Plausibilitätstests durch wie beim komplexen Fugenverlauf. Die Algorithmen greifen dabei ebenfalls auf die Transformationsgleichungen zurück (vgl. Abschnitt 8.3.1), die die Bezugspunktkoordinaten vom jeweiligen Wandkoordinatensystem in das Boxkoordinatensystem transformieren.

Ein komplexer Werkstückaufbau mit schlechter Zugänglichkeit der zu verschweißenden Fuge birgt das Risiko einer Kollision des Schweißbrenners oder des Industrierobotergrundgeräts mit dem Werkstück und damit zumindest eines Abbruchs des Arbeitszyklusses. Um dieses Risiko auf ein Minimum zu begrenzen, wird im Verfahren ein Anfahrpunkt im freien, nicht kollisionsgefährdeten Raum mit geeignetem Sicherheitsabstand zum Werkstück definiert, an den das Industrierobotergrundgerät den Schweißbrenner ohne Kollisionsgefahr mit der schnellen PTP-Steuerungsart bewegen kann. Der Anfahrpunkt muß dabei so gewählt werden, daß auch das nachfolgende Anfahren des Sensor-Vorhaltepunktes mit der langsamen, aber definierten CP-Steuerungsart ohne Kollisionsgefahr möglich ist. Analog zum Anfahrpunkt wird zum Wegfahren von der Naht nach ihrer Fertigstellung ein Wegfahrpunkt definiert, von dem aus das Industrierobotergrundgerät den Schweißbrenner mit der schnellen PTP-Steuerungsart ohne Kollisionsgefahr bewegen kann.

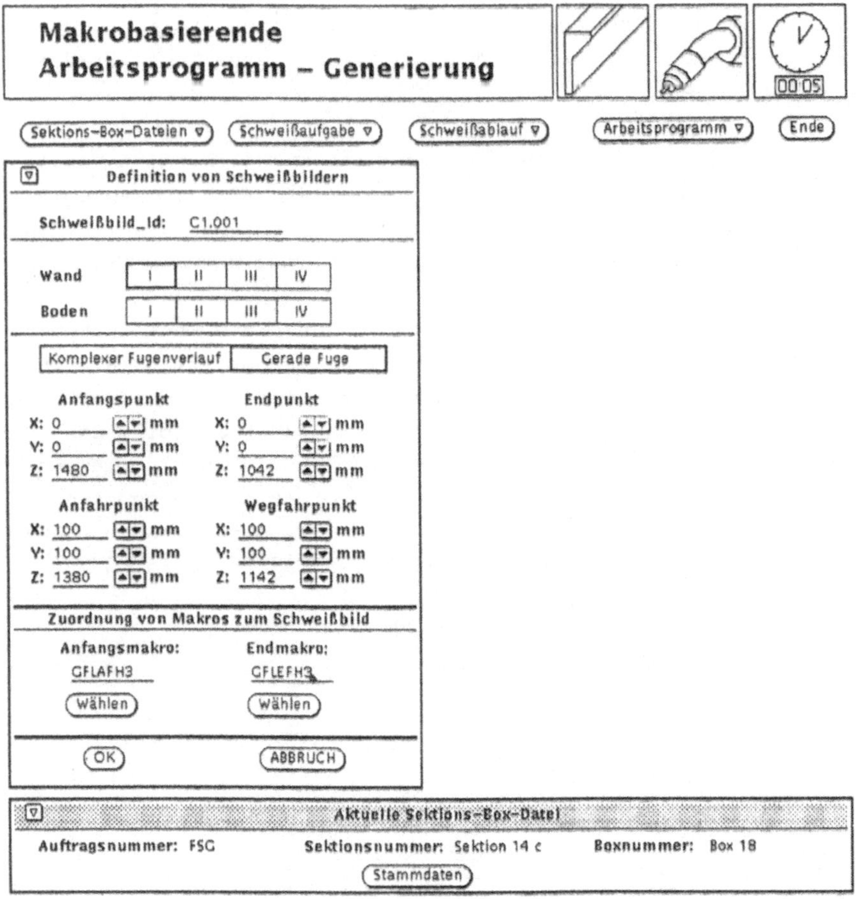

Bild 34: Schweißbilddefinition für eine gerade Fuge

Für die Zuordnung von Makros zum definierten Schweißbild verwendet das Verfahren den Namen des jeweiligen Makros als Identifikator. Das Verfahren prüft die Zuordnung auf Existenz des Makronamens in der Makrobibliothek und auf Plausibilität der Zuordnung. Für diese Plausibilitätsprüfung werden folgende Kriterien definiert: Einem komplexen Fugenverlauf kann nur ein Makro mit der Kennung "komplex" zugeordnet werden, entsprechend ist die Kennung "Gerade" für die Zuordnung eines Makros zu einer geraden Fuge zwingend. Zusätzlich sind für ein Anfangsmakro nur Makros mit der Kennung "Anfang" und für ein Endmakro nur Makros mit der Kennung "Ende" zulässig.

Mit diesem Plausibilitätsprüfungen sind insbesondere Flüchtigkeitsfehler bei der direkten Vergabe von Makronamen ausgeschlossen. Die direkte Vergabe von Makronamen ist in der rechentechnischen Realisierung des Verfahrens die schnellste Art der Zuordnung von Makros zum Schweißbild. Sie kommt besonders dann zur Anwendung, wenn der Anwender den Namen des passenden Makros bereits kennt. Dies kommt insbesondere dann zur Anwendung, wenn in einer Box mehrere identische Schweißbilder vorliegen wie z.B. die Verbindung von Längsspanten gleicher Abmessungen mit einer Bodenwrange, was bis zu sechs Mal in einer Box auftritt.

Das Verfahren unterstützt den Anwender bei der Auswahl des bestgeeigneten Makros zum jeweiligen Schweißbild. Hierzu sind geeignete Algorithmen und Datenbankabfragen in das Verfahren integriert, die die Anzahl der möglichen, passenden Makros über zusätzliche Angaben, die in den Konstruktionszeichnungen der Box enthalten sind, schrittweise reduziert und damit den Anwender zielgerichtet auf das passende Makro hinlenkt.

Das erste Kriterium zur Einengung der möglichen Makros ist dabei der Fugenverlauf, klassifiziert in "Gerade Fuge" und "Komplexer Fugenverlauf". Das zweite Kriterium engt die möglichen Makros über die geforderte Nahtdicke ein. Die weiteren Kriterien sind für gerade Fugen und komplexe Fugenverläufe unterschiedlich, entsprechend den in Kapitel 6 ausgewählten bestgeeigneten Schweißbildern.

Die Auswahl eines passenden Makros für gerade Fugen unterstützt das Verfahren durch die Einengung der möglichen Makros über die in Bild 35 gezeigten weiteren Kriterien:

- Schweißposition,
- Makroposition und
- Ausprägung des jeweiligen Fugenendes.

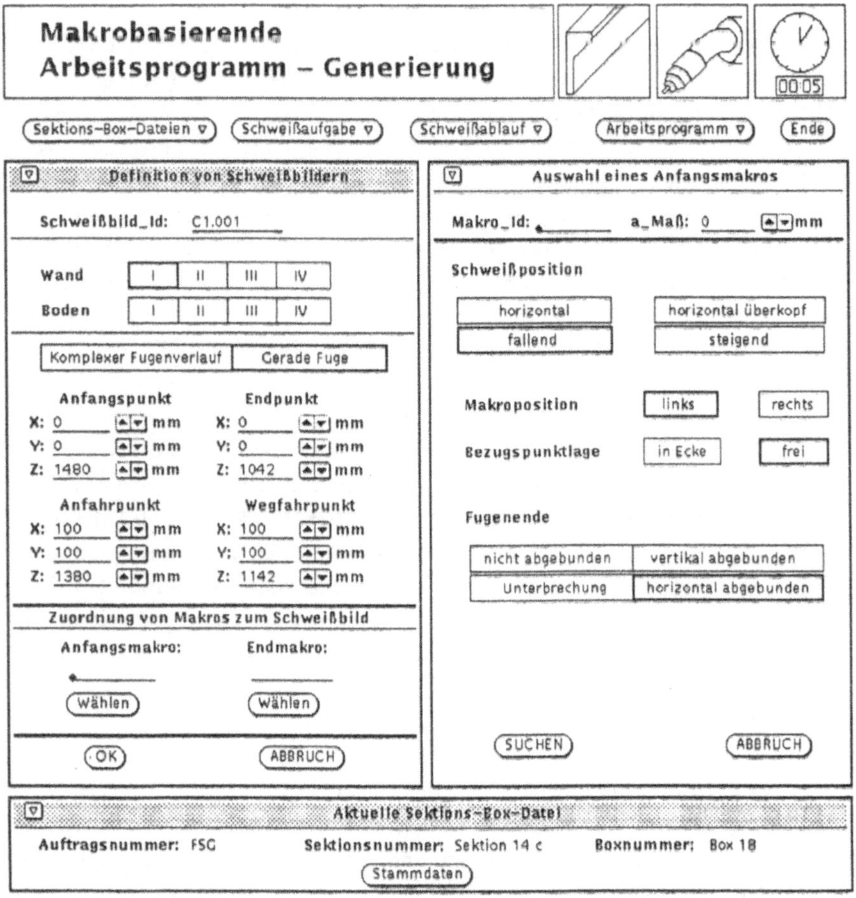

Bild 35: Auswahl der Makros für eine gerade Fuge

Bei der Auswahl eines komplexen Makros unterstützt das Verfahren den Anwender über die in Bild 36 gezeigten weiteren hierfür spezifischen Kriterien:

- Profilart,
- Verbindungstyp (über die werftspezifische Typnummer und Riegelbleche, bzw. Dichtblechnummern),
- Stegdicke,
- Profilhöhe,
- Orientierung,
- Lage des Riegel- bzw. Dichtblechs und
- Verbindung mit einer Steife.

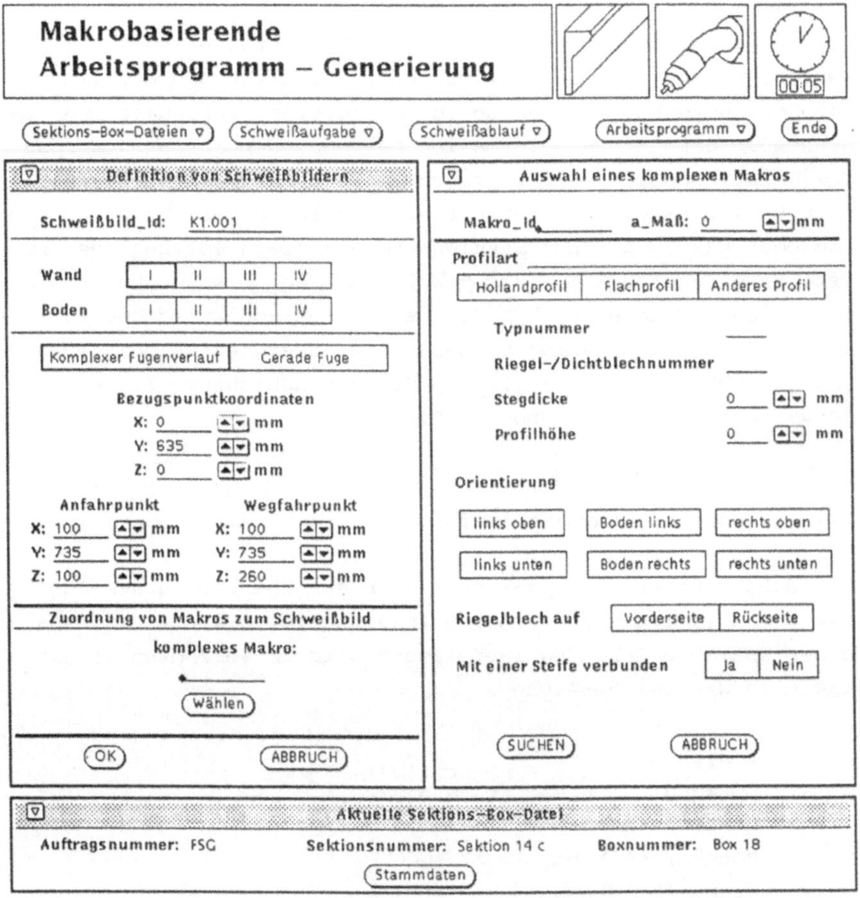

Bild 36: Auswahl des Makros für einen komplexen Fugenverlauf

Die Algorithmen und Datenbankauswertungen für die Einengung der möglichen Makros sind derart ausgeführt, daß auch die Angaben eines beliebigen Anteils der Kriterien zur entsprechenden Einengung führt. Die verbleibenden möglichen Makros stellt das Verfahren in seiner rechentechnischen Realisierung dem Anwender zur endgültigen Auswahl bereit.

8.3.3 Arbeiten mit Schweißbildern und Makros

Die rechentechnische Realisierung im Verfahren erlaubt dem Anwender, erkannte Fehler bei der Definition von Schweißbildern und der Zuordnung von Makros zu korrigieren, ohne dabei den bestehenden Daten- und Informationsbestand, der in der Sektions-Box-Datei gespeichert ist, zu verlieren. Das Verfahren unterstützt hierbei die Möglichkeiten, einzelne Schweißbilder und/oder Makros aus der Sektions-Box-Datei zu löschen oder zu verändern. Hierzu kommt der jeweilige Identifikator zur Anwendung, den der Anwender bei der Definition und Zuordnung für die Schweißbilder und Makros vergeben hat. Geeignete Algorithmen und Datenbankzugriffe speichern die durchgeführten Korrekturen in der aktuellen Sektions-Box-Datei.

8.4 Planung des Schweißablaufs

Der dritte Schritt der makrobasierenden Arbeitsprogramm-Generierung umfaßt die Schweißablaufplanung für die Schweißaufgabe einer Box. Die Schweißablaufplanung wird im Verfahren strukturiert in die Teilbereiche

- Box,
- Boxwand,
- Boxteilwand,
- Roboterposition,
- Schweißbild und
- Schweißmakro.

Diese sechs Teilbereiche lassen sich in einen Strukturbaum gliedern, Bild 37. Jede Box beinhaltet fünf Boxwände (vgl. Abschnitt 5.2), jede Boxwand eine oder mehrere Boxteilwände, jede Boxteilwand eine oder mehrere Roboterpositionen, jede Roboterposition ein oder mehrere Schweißbilder und jedes Schweißbild ein oder zwei Schweißmakros - in Abhängigkeit davon, ob es sich um einen komplexen Fugenverlauf oder eine gerade Fuge handelt.

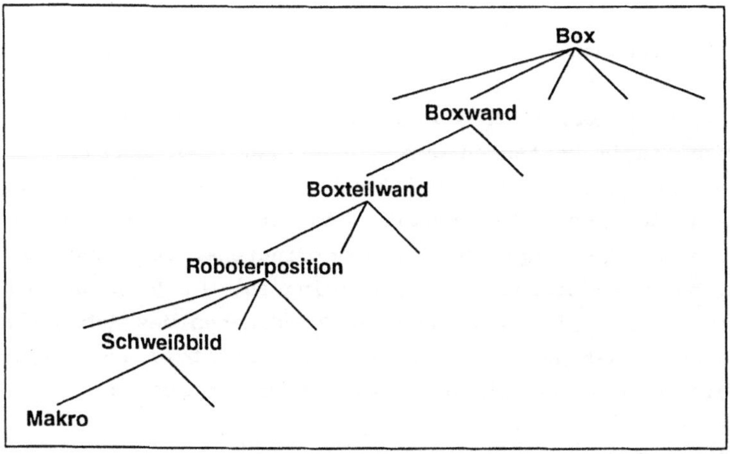

Bild 37: Strukturbaum der Schweißablaufplanung

In der rechentechnischen Realisierung definiert der Anwender für jede Boxwand einer Box eine oder mehrere Boxteilwände und für jede Boxteilwand eine oder mehrere Roboterpositionen. Dann ordnet er die Schweißbilder den Roboterpositionen zu und legt die Abfolge der Boxteilwände, Roboterpositionen und Schweißbilder für die Bearbeitung fest.

8.4.1 Boxteilwände

Boxteilwände sind für eine Strukturierung des Schweißablaufs nach mehreren Anforderungen in das Verfahren integriert. Die Boxteilwände eröffnen dabei die Möglichkeit, die Schweißbilder derart in Gruppen zusammenzufassen, daß die Anforderungen des Schweißfolgeplans /58/, der im Schiffbau insbesondere die Minimierung des Verzuges zum Ziel hat, einfach zu realisieren sind. Ein weiteres Ziel des Schweißfolgeplans ist die Maximierung der Wirtschaftlichkeit. Dies kann, in Abhängigkeit der Schweißaufgabe einer Box, z.B. durch das Zusammenfassen der Schweißbilder erfolgen, die mit Schweißmakros abgeschweißt werden, die den gleichen Schweißbrenner verwenden. Damit reduziert sich die Anzahl der zeitintensiven Schweißbrennerwechsel.

8.4.2 Algorithmen

Die Positionsangaben für das Industrierobotergrundgerät in der Box erfolgen im Verfahren durch praxisnahe Abstandsangaben zu den relevanten Boxwänden. Die Generierung des Programms für die Steuerung des Industrierobotersystems erfordert die Angabe der Position des Ursprungs des Basiskoordinatensystems des Industrierobotergrundgeräts in Boxkoordinaten. Die Umrechnung der Abstands- und Positionsangaben in Koordinaten des Roboterbasis- und Boxkoordinatensystems erfordert die nachfolgenden Algorithmen, die boxwandspezifisch ausgeführt werden müssen.

<u>Wand I und Boden</u>

$$\begin{pmatrix} IR_x \\ IR_y \\ IR_z \\ 1 \end{pmatrix} = \begin{pmatrix} dw \\ dh \\ dv + (l_s + l_{k1}) \\ 1 \end{pmatrix}$$

<u>Wand II</u>

$$\begin{pmatrix} IR_x \\ IR_y \\ IR_z \\ 1 \end{pmatrix} = \begin{pmatrix} dh \\ l_{Box\_y} - (dw) \\ dv + (l_s + l_{k1}) \\ 1 \end{pmatrix}$$

Wand III

$$\begin{pmatrix} IR_x \\ IR_y \\ IR_z \\ 1 \end{pmatrix} = \begin{pmatrix} l_{Box\_x} - (+dw) \\ l_{Box\_y} - (+dh) \\ dv + (l_s + l_{k1}) \\ 1 \end{pmatrix}$$

Wand IV

$$\begin{pmatrix} IR_x \\ IR_y \\ IR_z \\ 1 \end{pmatrix} = \begin{pmatrix} l_{Box\_x} - (dh) \\ dw \\ dv + (l_s + l_{k1}) \\ 1 \end{pmatrix}$$

wobei gilt:

$IR_{x,y,z}$	:	Koordinaten des Basiskoordinatensystems des Industrieroboters im Boxkoordinatensystem
$dw > 0$	:	Abstand der ersten Achse des Industrieroboters von der Wand, an der geschweißt wird
$dh > 0$	:	horizontaler Abstand der ersten Achse des Industrieroboters von der boxbegrenzenden Seitenwand
$dv > 0$	:	vertikaler Abstand der zweiten Achse des Industrieroboters vom Boxboden
l_s	:	Länge des Sockels des Industrieroboters
l_{k1}	:	Länge des ersten Körpers des Industrieroboters
l_{Box_x}	:	Länge der Box in x-Richtung
l_{Box_y}	:	Länge der Box in y-Richtung

8.4.3 Roboterpositionen

Die Roboterposition ist im Verfahren als die Position des Industrieroboters mit dem Ursprung seines Basiskoordinatensystems in der Box definiert, wie sie bei der Generierung eines Programms für die Steuerung des Industrierobotersystems benötigt wird und wie sie sich besonders zur Erstellung der Fertigungsunterlagen eignet. In der rechentechnischen Realisierung des Verfahrens sind neu entwickelte Algorithmen hinterlegt (vgl. Abschnitt 8.4.2), die dem Anwender die praxisnahe Möglichkeit eröffnen, die Roboterposition als Abstandsangaben zu den jeweiligen Boxwänden anzugeben. Damit ist eine einfache, Fehler vermeidende Handhabung gewährleistet, da sich der Anwender nicht in den komplexen dreidimensionalen Boxkoordinaten bewegen muß. Weiterhin sind neu entwickelte Algorithmen in das Verfahren integriert (vgl. Abschnitt 8.4.2), die es bei der Definition der Roboterposition ermöglichen, anstatt des Basiskoordinatensystems des Industrieroboters, das seinen Ursprung an einem am Industrieroboter selbst nicht feststellbaren Punkt im Sockel hat, die leicht erkennbare erste und zweite Achse zu verwenden. In der rechentechnischen Realisierung des Verfahrens bezieht sich deshalb für einen hängend angeordneten Industrieroboter der Abstand des Industrieroboters von der Boxwand, an der geschweißt werden soll, auf den Abstand der ersten Achse des Industrieroboters von der Boxwand. Der vertikale Abstand vom Boxboden bezieht sich auf den Abstand der zweiten Industrieroboterachse vom Boxboden, da dieses Maß beim hängend angeordneten Industrieroboter dem in Realität am leichtesten erkennbaren Abstand entspricht. Der horizontale Abstand von der boxbegrenzenden Seitenwand bezieht sich auf den Abstand der ersten Achse des Industrieroboters von der boxbegrenzenden Seitenwand.

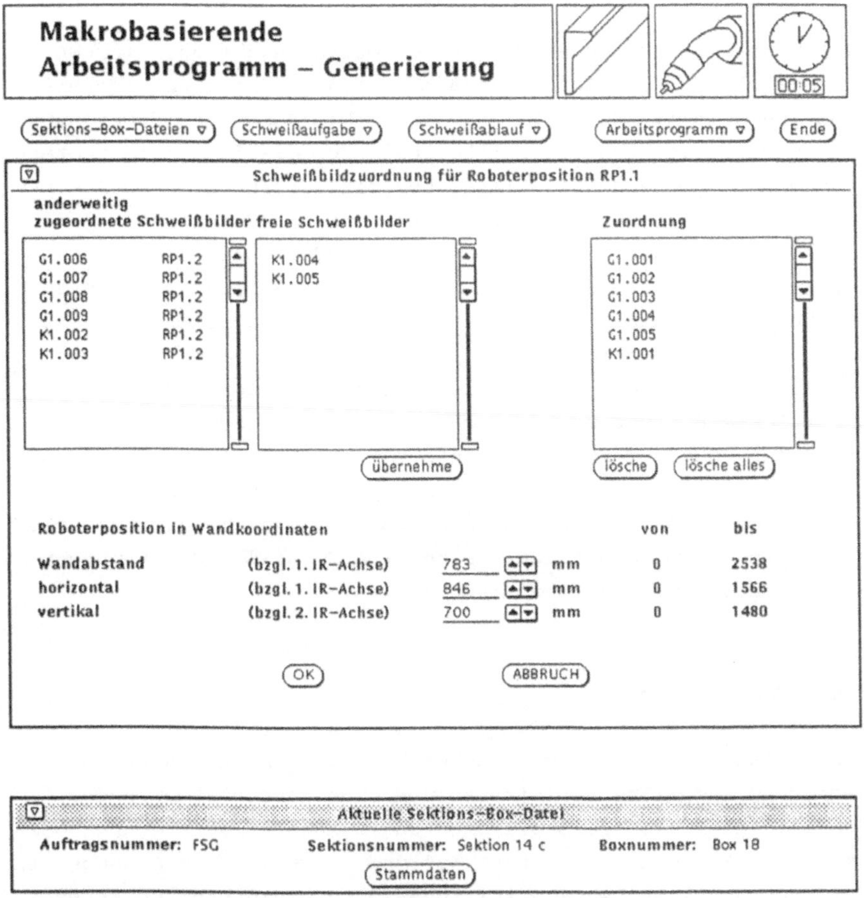

Bild 38: Schweißbildzuordnung zu Roboterpositionen

Zusätzlich sind im Verfahren Algorithmen enthalten, die dem Anwender die in der aktuellen Sektions-Box-Datei zulässigen Maximal- und Minimalwerte für die Positionierung des Industrieroboters in den praxisnahen Abstandsangaben anzeigt, Bild 38. Zur Berechnung dieser Grenzwerte greift das Verfahren auf die bei der Definition der Sektions-Box-Datei festgelegten Maße der Box in Länge, Breite und Höhe zurück.

8.4.4 Schweißbildzuordnung

Die Schweißbildzuordnung ordnet im Verfahren die definierten Schweißbilder (vgl. Abschnitt 8.3.2) den definierten Roboterpositionen (vgl. Abschnitt 8.4.3) zu. Die Schweißbildzuordnung legt damit fest, von welcher Position aus das Industrierobotergrundgerät welche Schweißbilder bearbeitet. In der rechentechnischen Realisierung des Verfahrens sind zur Unterstützung des Anwenders geeignete Datenbankabfragen und Algorithmen hinterlegt, die fortwährend prüfen, welche Schweißbilder bereits zu welchen Roboterpositionen zugeordnet sind, und welche Schweißbilder noch keiner Roboterposition zugeordnet sind. Dies hat zum Ziel, den Anwender darin zu unterstützen, eine Zuordnung aller Schweißbilder mit möglichst wenigen Roboterpositionen zu erreichen. Damit reduziert sich die Anzahl der zeitintensiven Roboterpositioniervorgänge. Zur iterativen Annäherung an die bestgeeignete Zuordnung der Schweißbilder ist im Verfahren die Möglichkeit zum selektiven Löschen von Schweißbildzuordnungen zu Roboterpositionen integriert.

8.4.5 Schweißabfolge

Das Verfahren baut mit geeigneten Algorithmen und Datenbankauswertungen aus allen definierten und zugeordneten Boxwänden, Boxteilwänden, Roboterpositionen und Schweißbildern einen vollständigen Schweiß-Abfolgebaum auf und zeigt ihn dem Anwender in der rechentechnischen Realisierung in Form eines graphischen Strukturbaums an. Das Verfahren ermöglicht es, mit geeigneten Algorithmen Veränderungen am Schweiß-Abfolgebaum direkt in der graphischen Darstellung vorzunehmen. Die Algorithmen bedienen sich hierzu des auf Rechenanlagen mit graphischer Oberfläche üblichen Mauszeigers. Zur Veränderung des Schweiß-Abfolgebaums ermöglicht das Verfahren die Markierung und Neuplazierung der zu verschiebenden Objekte mit dem Mauszeiger. Hierbei prüft das Verfahren die Zulässigkeit der Verschiebung und gibt gegebenenfalls eine Fehlermeldung aus. Verschiebungen dürfen keine Unterbrechung der hierarchischen Ordnung Boxwand - Boxteilwand -

Roboterposition - Schweißbild hervorrufen und die Teilwandzuordnung nicht ändern, Bild 39.

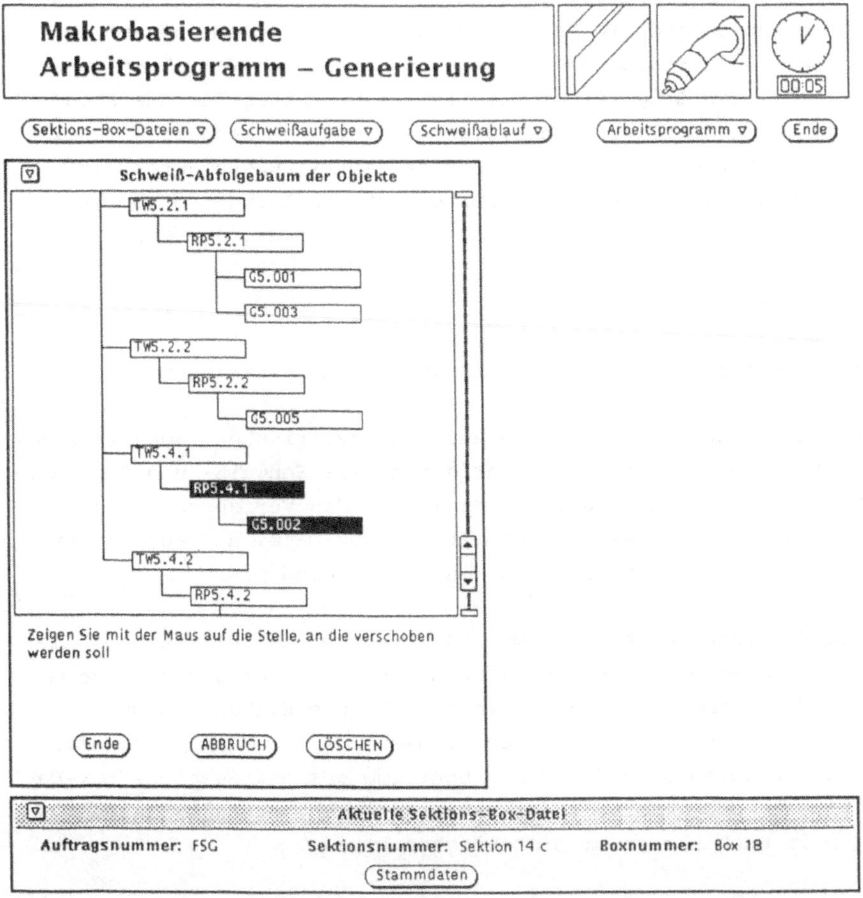

Bild 39: Schweißabfolgebaum

8.5 Generierung des Arbeitsprogramms

Nach der Festlegung der Schweißfolge sind alle Informationen, die zur Generierung eines Programms für die Steuerung des Industrierobotersystems und der Fertigungsunterlagen notwendig sind, in der Sektions-Box-Datei und in der Datenbank teils implizit, teils explizit enthalten. Geeignete Auswerte-Algorithmen und Methoden, die rechentechnisch im Verfahren in Form von Programmen hinterlegt sind, werten die Informationen aus und ergänzen sie mit weiteren, aus der Datenbank aufgabenspezifisch ausgelesenen Daten. Damit generiert das Verfahren ohne interaktiven Eingriff ein lauffähiges Programm für die Steuerung des Industrierobotersystems und die dazugehörigen Fertigungsunterlagen für die Planung der Fertigungsabläufe, der boxspezifisch notwendigen Ausstattung des Industrierobotersystems und der Positionierung des Industrierobotersystems in der Box.

8.5.1 Industrieroboter-Steuerungsprogramm generieren

Für die Generierung eines steuerungsspezifischen Industrieroboterprogramms benötigt das Verfahren alle Schweiß- und Standard-Makros. Diese Informationen ermittelt das Verfahren aus den Einträgen in der aktuellen Sektions-Box-Datei und aus den Makros, die in der Bibliothek hinterlegt sind.

Die Methoden und Algorithmen zur Verknüpfung der Makros in der steuerungsspezifisch korrekten Art sind im Verfahren in Form von Programmen und Regeln hinterlegt. Die Einhaltung der schweißtechnisch geforderten Reihenfolge der Makros entnimmt das Verfahren über die Schweißabfolge aus der Sektions-Box-Datei, aus den innerhalb der Makros angegebenen Informationen und den im Rechenprogramm hinterlegten Regeln.

Das Verfahren generiert ein Industrieroboterprogramm - ähnlich einer modernen Computer-Programmiersprache - aus kleinen Einheiten, den Makros. Die Generierung erfordert dabei eine strukturierte Vorgehensweise, geeignete Algorithmen, Analysen und Datenbankauswertungen, die in der rechentechnischen Realsierung in Form von Programmen, Prozeduren und Datenbankinhalten verwirklicht sind.

Der nachfolgende Ablauf beschreibt die Voraussetzungen und den Ablauf bei der Generierung des Programms für die Steuerung des Industrierobotersystems in vier Schritten:

Um alle für das Ausschweißen einer Box benötigten Schweiß- und Standard-Makros bei der Generierung des Steuerungsprogramms bereit zu stellen, analysiert das Verfahren im <u>ersten Schritt</u> die vom Anwender den Schweißbildern zugeordneten Makros im Hinblick auf

- alle Schweißmakros,
- alle in den Schweißmakros verwendeten Schweißbrenner und
- alle von den Schweißmakros aktivierten Standard-Makros.

Hierzu liest das Verfahren die Schweiß-Makros aus der Bibliothek aus, deren Identifikatoren nach der Zuordnung zu den Schweißbildern (vgl. Abschnitt 8.3.2) in der aktuellen Sektions-Box-Datei enthalten sind.

Der Industrieroboter ist beim Programmstart - und auch wieder bei Programmende - mit keinem Schweißbrenner ausgerüstet. Das Verfahren analysiert den beim ersten Schweißmakro verwendeten Schweißbrenner und schreibt den Aufruf des erforderlichen Standard-Makros zum Einwechseln des entsprechenden Schweißbrenners aus dem Brennerwechselmagazin ins Steuerungsprogramm. Dann ermittelt das Verfahren die in der Sektions-Box-Datei angegebene Wand, auf der das erste Schweißbild liegt, und schreibt den Aufruf der erforderlichen Transformationsmakros ins Programm. Diese bewirken eine Translation, eine Rotation oder eine Translation und eine Rotation des Schweiß-Makros, um das Makro von der geteachten Position und Orientierung in die reale Position und Orientierung zu bringen.

Diese Transformationen lassen sich zurückführen auf die Transformationsgleichung

$$A = T \cdot R_z^{-1}(\psi) \cdot R_z(\varphi).$$

$R_z(\alpha)$ entspricht dabei einer Rotationsmatrix der Form

$$R_z(\alpha) = \begin{pmatrix} \cos\alpha & -\sin\alpha & 0 & 0 \\ \sin\alpha & \cos\alpha & 0 & 0 \\ 0 & 0 & 1 & 0 \\ 0 & 0 & 0 & 1 \end{pmatrix}.$$

Die Rotation des Makros um die z-Achse des Boxkoordinatensystems *BKS* wird durch den Drehwinkel φ in Betrag und Richtung festgelegt mit

$$\varphi \in \left\{-\frac{\pi}{2}, 0, \frac{\pi}{2}\right\}.$$

Die Überführung des Ausgangswandkoordinatensystems WKS_i, in das das Makro gebracht wurde, in das Zielwandkoordinatensystem WKS_j (i,j=1,...,4) wird durch den Drehwinkel ψ festgelegt. ψ stellt den Differenzwinkel zwischen den x- bzw. y-Achsen des Ausgangs- und des Zielwandkoordinatensystems dar mit $\psi \in \{0, \pi\}$.

T beschreibt eine Translation des Makros an die gewünschte Wandposition *WP* bezüglich des Zielwandkoordinatensystems WKS_j und hat die Form

$$T = \begin{pmatrix} 1 & 0 & 0 & WP_x \\ 0 & 1 & 0 & WP_y \\ 0 & 0 & 1 & WP_z \\ 0 & 0 & 0 & 1 \end{pmatrix}$$

Die Werte, die die Winkel φ und ψ für die Transformationen annehmen, sind direkt abhängig vom jeweiligen Ausgangskoordinatensystem WKS_i und Zielkoordinatensystem WKS_j. Bild 40 zeigt die möglichen Werte für die Winkel φ und ψ in Form einer Tabelle:

von \ nach	Wand I	Wand II	Wand III	Wand IV
Wand I	$\varphi=0,\psi=0$	$\varphi=-\frac{\pi}{2},\psi=0$	$\varphi=\pi,\psi=\pi$	$\varphi=\frac{\pi}{2},\psi=\pi$
Wand II	$\varphi=\frac{\pi}{2},\psi=0$	$\varphi=0,\psi=0$	$\varphi=-\frac{\pi}{2},\psi=\pi$	$\varphi=\pi,\psi=\pi$
Wand III	$\varphi=\pi,\psi=\pi$	$\varphi=\frac{\pi}{2},\psi=\pi$	$\varphi=0,\psi=0$	$\varphi=-\frac{\pi}{2},\psi=0$
Wand IV	$\varphi=-\frac{\pi}{2},\psi=\pi$	$\varphi=\pi,\psi=\pi$	$\varphi=\frac{\pi}{2},\psi=0$	$\varphi=0,\psi=0$

Bild 40: Tabelle der möglichen Winkel φ und ψ

Hierbei gilt für den vorliegenden Spezialfall, daß die zu transformierenden Punkte grundsätzlich auf der Wand liegen:

x-Koordinate = 0 auf Wand I und III
y-Koordinate = 0 auf Wand II und IV

Im zweiten Schritt analysiert das Verfahren die ausgelesenen Schweißmakros hinsichtlich der enthaltenen Identifikatoren von Standard-Makros. Über diese Identifikatoren liest das Verfahren dann die Standard-Makros aus, die ebenfalls in der Bibliothek hinterlegt sind und schreibt, soweit nicht bereits im Schweiß-Makro enthalten, den entsprechenden Aufruf ins Industrieroboterprogramm. Hierzu gehört das Standard-Makro zum Suchen des Fugenanfangs mit dem Gasdüsensensor. Das Verfahren ermittelt in Abhängigkeit von der Schweißposition, der Makroposition und der Bezugspunktlage das passende Standard-Makro. Ebenso ermittelt das Verfahren die Standard-Makros zum Korrigieren der Bahn über die Fugenverfolgung mit dem Lichtbogensensor und die Standard-Makros zum Aufruf einer veränderten Schweißparameterliste zum Überschweißen von Heftstellen, die mit Lichtbogensensorik erkannt wurden. Weiterhin ermittelt das Verfahren in Abhängigkeit von der Ausprägung des Fugenendes die Standard-Makros zum Erkennen des Fugenendes und zum gewählten Abbinden am Fugenende und trägt sie ins Steuerungsprogramm ein.

Im dritten Schritt berechnet das Verfahren Daten für die Generierung der Fertigungsunterlagen. Hierzu gehört die anfallende Laufzeit eines Industrieroboterprogramms. Sie setzt sich aus mehreren Zeitanteilen zusammen, die teilweise makrospezifisch in der Datenbank hinterlegt sind, teilweise aufgabenspezifisch berechnet werden müssen. Aus der Summe der einzelnen Zeitanteile berechnet das Verfahren dann die Gesamtlaufzeit des generierten Industrieroboterprogramms.

Für gerade Fugen, deren Länge nicht in der Datenbank hinterlegt ist, ermittelt das Verfahren die tatsächliche Fugenlänge als Abstand vom aufgabenspezifisch in der Sektions-Box-Datei hintelegten Anfangspunkt zum Endpunkt, multipliziert diesen Wert mit der im Makro hinterlegten Schweißgeschwindigkeit und addiert die für jedes Makro in der Datenbank hinterlegte Sensorzeit. Bei komplexen Fugen entnimmt das Verfahren die Laufzeit direkt als makrospezifisch gespeicherten Wert aus der Datenbank.

Der vierte Schritt dient der Verwaltung der Schweißbrenner und ihrer Standzeiten. Das Verfahren verwaltet hierzu für jeden Schweißbrenner vier Werte:

- Einsatzzeit seit der letzten Reinigung,
- Gesamteinsatzzeit,
- zulässige Einsatzzeit zwischen zwei Reinigungszyklen und
- zulässige Gesamteinsatzzeit.

Das Verfahren berechnet für jeden Schweißbrenner, der im Industrieroboterprogramm zum Einsatz kommt, die Einsatzdauer, um ein rechtzeitiges Reinigen bzw. Auswechseln eines Schweißbrenners als vorbeugende Instandhaltung zu ermöglichen. Hierzu kommen in der Datenbank hinterlegte Faktoren zum Einsatz, mit denen das Verfahren die tatsächliche Belastung eines Schweißbrenners in Abhängigkeit von der jeweiligen Schweißposition über die Schweißnahtlänge und die Schweißgeschwindigkeit berechnet. Den berechneten Wert addiert das Verfahren für jeden im Magazin abgelegten Schweißbrenner zu den in der Datenbank gespeicherten

Werten der Gesamteinsatzdauer und der Einsatzdauer seit der letzten Brennerreinigung.

Bevor das Verfahren den Aufruf des nächsten Schweißmakros ins Programm schreibt, prüft es, ob ein anderer Schweißbrenner eingewechselt werden muß. In diesem Fall schreibt das Verfahren zuerst den Aufruf des Standard-Makros zur Reinigung des Schweißbrenners ins Programm. Damit ist gewährleistet, daß grundsätzlich frisch gereinigte Schweißbrenner im Magazin bereit stehen. Dann schreibt das Verfahren den Aufruf des Schweißbrennerwechsels ins Programm. Muß kein anderer Schweißbrenner eingewechselt werden, prüft das Verfahren über einen Vergleich des in der Datenbank abgelegten Werts für die Gesamteinsatzdauer mit dem zulässigen Maximalwert, ob die verbliebene Resteinsatzzeit des Schweißbrenners für das kommende Schweiß-Makro ausreicht. Bei Erreichen oder Überschreiten der zulässigen Gesamteinsatzdauer greift das Verfahren auf einen redundanten Schweißbrenner im Magazin zurück und schreibt das entsprechende Makro zum Schweißbrennerwechsel ins Programm.

Vor dem Aufruf eines Schweißmakros, das den selben Schweißbrenner benötigt wie das vorherige, prüft das Verfahren, ob die verbliebene Einsatzzeit bis zur nächsten Reinigung für das kommende Schweiß-Makro ausreicht und schreibt ggf. den Aufruf des Standard-Makros zum Reinigen des Schweißbrenners ins Programm.

Die weiteren Schweiß-Makros, deren Reihenfolge in der Sektions-Box-Datei eingetragen sind, bearbeitet das Verfahren im angegebenen Ablauf.

Zum Abschluß des Steuerungsprogramms schreibt das Verfahren den Aufruf der Standard-Makros zum Reinigen und Ablegen des letzten verwendeten Schweißbrenners ins Programm, um wieder den definierten Ausgangszustand zu erreichen.

8.5.2 Fertigungsunterlagen generieren

Zur Vorrüstung des Schweißrobotersystems mit den benötigten Schweißbrennern, zur korrekten Positionierung des Industrierobotersystems in der Box und zur Planung der Fertigungsabläufe in der gesamten Sektion generiert das Verfahren boxspezifische Fertigungsunterlagen, Bild 41.

Datum:	Mittwoch, 10. März 1994, 14:35
Angelegt von:	P. Schmid am 2. Februar 1994
Letzte Änderung von:	P. Schmid am 3. März 1994

Auftragsnummer:	FSG	**Sektionsnummer:**	14 c	**Boxnummer:**	18
Von Spant:	116	**Bis Spant:**	118		
Von a.M.S.:	2100	**Bis a.M.S.:**	4638	**Auf Seite:**	Backbord
Box_x:	1566	**Box_y:**	2538	**Box_z:**	1480

Industrierobotersystem:	WSTAR1	**Stromquelle:**	CloosGLC 403 PA-TS
Material:	A 36	**Schutzgastyp:**	Corgon 18
Schweißdrahtverbrauch:	5,4 kg	**Schweißdrahtdurchmesser:**	1,2 mm
Schweißdrahtqualität:	Fülldraht Fluxofil 14		

Schweißbrenner_ID	**Name**	**Magazinplatz**	**Gesamtlaufzeit**
BREN1	Brenner 1	01	00 min, 00 sec
BREN9	Brenner 9	04	44 min, 12 sec
BREN3	Brenner 3	06	14 min, 43 sec
Gesamtlaufzeit des Programms:	148 min, 36 sec	**Gesamtschweißzeit:**	86 min, 08 sec

Wand:	1		
Teilwand:	TW 1.1		
Roboterposition:	RP 1.1		
Schweißbild	**komplexes Makro**	**Anfangsmakro**	**Endmakro**
G 1.001		GFLAFH3	GFLEFH3
G 1.002		GFLAEG3	GFLEEH3
G 1.003		GFLAEG3	GFLEEG3
G 1.004		GHLAEG3	GHLEFH3
G 1.005		GHLAEG3	GHREFH3
K 1.001	KHE4VBL3		
Teilwand:	TW 1.2		
Roboterposition:	RP 1.2		
Schweißbild	**komplexes Makro**	**Anfangsmakro**	**Endmakro**
G 1.006		GHLAEG3	GHREFH3
G 1.007		GHLAEG3	GHREEG3

Bild 41: Auszug aus einem Beispiel der generierten Fertigungsunterlagen

Die Fertigungsunterlagen enthalten folgende Angaben, gegliedert in drei Blöcke:

- Erstellungs- und Änderungsdatum des Arbeitsprogramms und den jeweiligen Bearbeiter

- Auftragsnummer, Sektionsnummer und Boxnummer zur Identifikation der Box

- die Position der Box in der Sektion in Schiffslängsrichtung über die Angabe der begrenzenden Spanten und in Schiffsquerrichtung durch die Angaben der Abstände auf Mitte Schiff a.m.S. und die Angabe der Seite (backbord oder steuerbord),

- die Größe der Box in Länge, Breite und Höhe,

- die Identifizierung des verwendeten Industrierobotersystems, der Stromquelle, des zu verschweißenden Materials, des Schutzgastyps, des spezifischen Schweißdrahtverbrauchs, des Schweißdrahtdurchmessers und der Schweißdrahtqualität,

- die benötigten Schweißbrenner mit der jeweiligen Gesamtlaufzeit und die jeweils zugehörigen Plätze im Schweißbrennermagazin,

- die Gesamtlaufzeit des Programms und die Gesamtschweißzeit des Programms und

- die Schweißbilder und Makros für jede Wand, Teilwand und Roboterposition.

8.6 Anwendungsbeispiel

Der Anwender erstellt mit dem Verfahren zum Schweißen der 44 Schweißbilder der repräsentativen Box ein steuerungsspezifisches Industrieroboterprogramm aus 19 unterschiedlichen Schweiß-Makros. Diese beinhalten sieben unterschiedliche Anfangsmakros und sieben unterschiedliche Endmakros für die 34 geraden Fugen und vier unterschiedliche komplexe Makros für die zehn komplexen Fugen. Die durchschnittliche Wiederholhäufigkeit der Makros beläuft sich somit auf über 2,4.
Bild 42 zeigt die repräsentative Box mit den Schweißmakros, die für die Generierung des Arbeitsprogramms zur Anwendung kommen.

Für alle 70 untersuchten Boxen benötigt der Anwender 4476 Schweißbilder, die er mit 46 unterschiedlichen Schweiß-Makros abdeckt. Damit steigt die Wiederholhäufigkeit der Makros für das insgesamt untersuchte Werkstückspektrum von fünf Sektionen aus zwei Werften auf durchschnittlich über 97.

Diese erzielte Wiederholhäufigkeit, die bereits bei der Bearbeitung der für die Werftindustrie relativ geringen Anzahl an Boxen erreicht wird, kompensiert den Zeitaufwand für das Erzeugen der Makros um ein Mehrfaches. Nach /66/ liegt die Programmierzeit, zu der neben der Aufnahme der Punkte auch der Probelauf, die Parametereinstellung und der Programmtest sowie die Optimierung der Nahtgeormetrie und der Schweißparameter gehören, bei einfachen Schweißaufgaben im Kleinserienbereich bei der 20-fachen Zykluszeit.

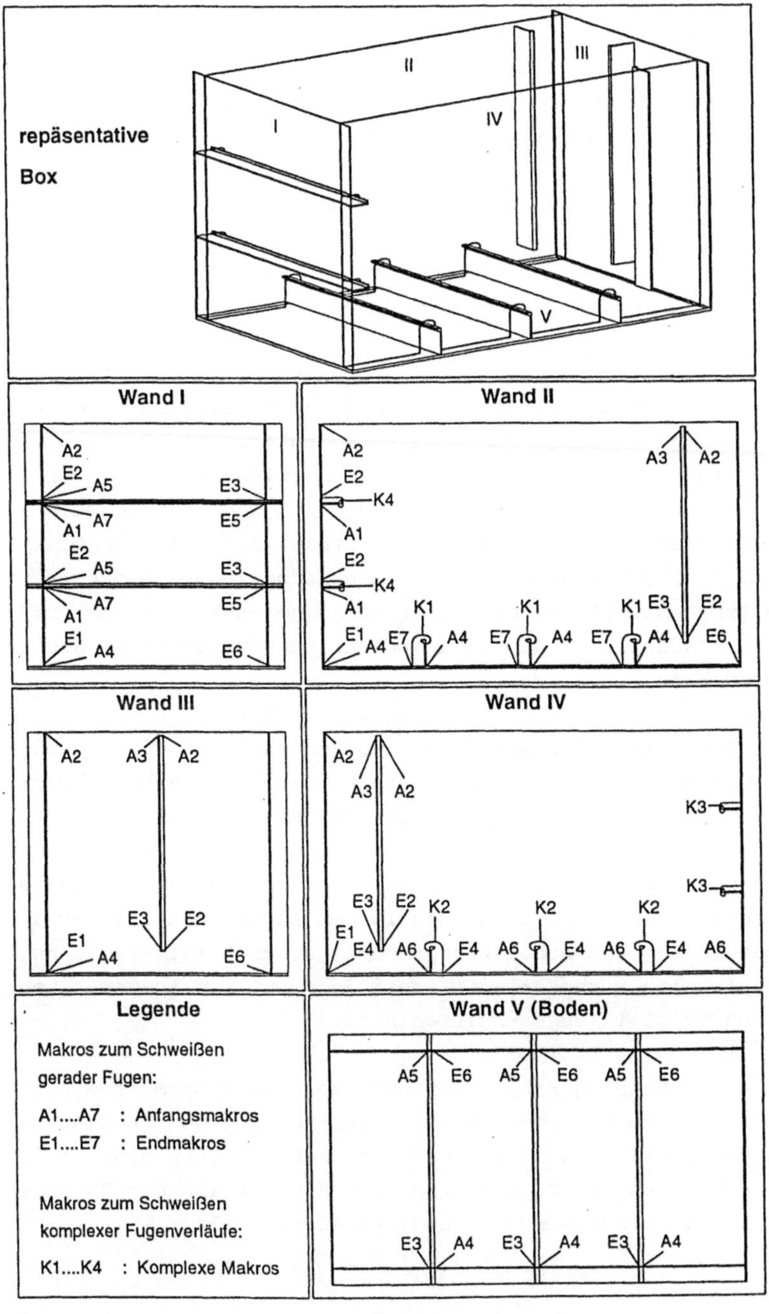

Bild 42: Makros in der repräsentativen Box

9 Zusammenfassung und Ausblick

Industrieroboter zum Schutzgasschweißen werden heute in vielen Branchen erfolgreich eingesetzt. Im Schiffbau sind nur wenige Industrieroboter im Einsatz und das, obwohl gerade hier besonders viel Schweißarbeit vorhanden ist.

Hauptgrund ist das Fehlen von technisch-wirtschaftlich erfolgreichen Verfahren zur Arbeitsprogramm-Generierung. Dies ergab eine Analyse des Standes der Erkenntnisse bei der Anwendung von Industrierobotersystemen zum Schutzgasschweißen im Schiffbau.

Eine Untersuchung bekannter Verfahren und Hilfsmittel zeigte einen großen Erkenntnisbedarf bei der makrobasierenden Arbeitsprogrammgenerierung für Industrierobotersysteme. Das Ziel der vorliegenden Arbeit war daher die Entwicklung eines Verfahrens für die Arbeitsprogrammgenerierung zum Schutzgasschweißen mit Industrierobotersystemen im Schiffbau. Als Anwendungsfall für das Planungsverfahren wurden oben offene Doppelbodensektionen, Seitentanksektionen und Schotten ausgewählt, die den größten zusammenhängenden Kapazitätsbedarf zum Schweißen im Schiffbau darstellen.

Zur Konzeption des Verfahrens wurden zunächst die Anforderungen an das Verfahren ermittelt, die Aufgaben der Arbeitsprogrammgenerierung erarbeitet und die zugehörige Struktur des Verfahrens erstellt. Für das Verfahren konnte eine vierstufige Vorgehensweise mit neu entwickelten Modellen und Algorithmen erarbeitet werden, die unabhängig vom Anwendungsfall für die Generierung von Arbeitsprogrammen geeignet ist, sowie neu entwickelte Methoden, die spezifisch auf den ausgewählten Anwendungsfall zugeschnitten sind.

Um die konkreten Schweißaufgaben von ihrer Geometrie her untersuchen zu können, wurden im ersten Schritt des Verfahrens über die geometrischen Daten der zu verschweißenden Einzelteile und die Position und Orientierung der Einzelteile die Fugenverläufe der zu verschweißenden Einzelteile ermittelt.

Zur Ausnutzung der Makrogeometrie der Werkstücke wurden im zweiten Schritt die möglichen Schweißbilder erarbeitet und mit Hilfe der auftretenden Häufigkeiten die bestgeeigneten Schweißbilder bestimmt. Aufbauend auf den bestgeeigneten Schweißbildern wurden im dritten Arbeitsschritt, unter Berücksichtigung der Schweißprozeßtechnik, der Schweißbrenner, der Sensoren und des Industrierobotersystems die Makros bestimmt. Aus diesen wurden abschließend im vierten Schritt sowohl steuerungsspezifische Industrieroboterprogramme als auch die zugehörigen Fertigungsunterlagen erstellt.

Mit dem programmtechnisch implementierten Prototyp des Verfahrens wurde das Ziel der vorliegenden Arbeit erreicht.

Das entwickelte Verfahren eröffnet die Möglichkeit, methodisch fundiert und von Algorithmen unterstützt Arbeitsprogramme für Industrierobotersysteme zum Schutzgasschweißen im Schiffbau mit Makros zu generieren, und damit Industrierobotersysteme auch für die geringe Anzahl an Wiederholteilen im Schiffbau wirtschaftlich einsetzen zu können. Dies hilft über die fehlende Verfügbarkeit funktionstüchtiger offline-Programmiersysteme für das Schutzgasschweißen mit Industrierobotern im Schiffbau bzw. der hierfür zwingend notwendigen dreidimensionalen CAD-Konstruktion von Werkstücken im Schiffbau in praxistauglicher Form hinweg.

Ansätze für weiterführende Arbeiten ergeben sich einerseits durch die Erweiterbarkeit des Verfahrens, die die makrobasierende Arbeitsprogrammgenerierung auf eine Vielzahl von Anwendungen innerhalb und außerhalb des Schiffbaus ausdehnt. Hier erscheinen besonders der Stahlhallen- und -brückenbau als geeignet. Andererseits läßt der weitere Einzug von CAD-Systemen erwarten, daß zukünftig die Werkstückgeometrie mit den Fugenverläufen rechentechnisch aus den CAD-Daten als Baustein einer CAD-CAM-Kette übernommen werden können. Auch Entwicklungen von geeigneten CAD-Systemen und Schnittstellen erscheinen sehr erfolgversprechend und einer gezielten Förderung würdig.

10 Literaturverzeichnis

/1/	Wiebeck, Beyrodt Winkler	Techonologie des Schiffkörperbaus. Berlin: VEB-Verlag Technik, 1980
/2/	Henriot, E.	Geschichte des Schiffbaus. Leipzig, Jena: Urania-Verlag, 1955
/3/	NN	The Birth of the Welded Ship Nachdruck der Ausgabe 100 A1 des Magazins von Lloyd's Register of Shipping, März 1976
/4/	Küntscher, W.	Baustähle der Welt, Band 1: Großbaustähle. Leipzig: VEB-Deutscher Verlag für Grundstoff-industrie, 1964
/5/	NN	Modernization of Hull Construction and Outfitting of VLCC, In: Japan Shipbuilding and Marine Engineering, Bd. 9, 1975
/6/	Warnecke, H.-J. Schraft, R.D.	Industrieroboter. Mainz: Krausskopf-Verlag, 1979
/7/	Warnecke, H.-J.	Die Roboter in der Industrie glänzen durch Beweglichkeit. In: Die Welt, 1.12.1989
/8/	Schraft, R.D.	Approach towards intelligent robots. In: First Conference on Mechatronics and Robotics, Juni 1991 in Aachen. Amsterdam: IOS-Press, 1991, S. 103-114
/9/	Warnecke, H.-J. Utner, W.	Entwicklung eines Schweißrobotersystems für den Schiffbau, Berlin: Springer Verlag, 1990 Jahrbuch der schiffbautechnischen Gesellschaft: Band 83.
/10/	Eichhorn, F.	Schweißtechnische Fertigungsverfahren, Band 1. Düsseldorf: VDI-Verlag, 1983
/11/	NN	Pflichtenheft für das Robotersystem. Bericht Nr. 199 aus dem Forschungszentrum des deutschen Schiffbaus. Hamburg, 1988
/12/	NN	VDI 2860 Blatt 1 1982: Handhabungsfunktionen, Handhabungseinrichtungen, Begriffe, Definitionen, Symbole.
/13/	NN	DVS Merkblatt 0922 Teil 1 1986: Industrierobotersysteme zum Schutzgasschweißen.

/14/ Vesa, M. — Roboterschweißen von Schiffsschotten. In: Schiff & Hafen 39 (1987) 8 S.28-30

/15/ Vesa, M. — Roboterschweißen von Schiffsschotten. In: Vortragsband zum Kolloquium "Schweißen mit Robotern", April 1987, Aachen

/16/ Volmer, J. — Industrieroboterentwicklung. Heidelberg: Hütling Verlag, 1984

/17/ NN — Firmenschrift der Firma Hitachi-Zosen. Japan, 1984

/18/ Yuzuru Fujita, Hiroshi Fujino, Akio Ichikawa — Welding robots make progress in the Shipyard, In: Welding and Metal Fabrication, 51 (1983) S. 377-382

/19/ Nobumasa Okubo, Takaaki Ogasawara, Toshikazu Fujii, Katsumi Okada — Gantry-type NC robot with Twin Arc Torches, In: Kabelco Technology Review 5 (1989) Februar, S.22-26

/20/ Davis, B. — Robotics on the high seas. In: Engineer, 256 (1983) 6634, S.30

/21/ Woodyard, D. — Robots today and tomorrow, In: Naval Architect (1985) Juli-August, S. 321-325

/22/ Todd Pacific Shipyards Corp. — Unimation Apprentice Welding Robot for Shipyard Application, Final Report, MARAD Contract MA-80-SAC-01041, Dezember 1983

/23/ Todd Pacific Shipyards Corp. — Evaluation of the Cincinnati Milacron T3 Robot for Shipbuilding Welding, Final Report, MARAD Contract MA-80-SAC-01041, Januar 1984

/24/ Kalogerakis, J.M. — The Application of a welding robot for small batch manufacturing in Shipbuilding. PhD thesis, University of Strathclyde, 1986

/25/ Marsh, A.J., Duffy, S.E., Kuo, C., Kalogerakis, J.M. — Application experiences of Robotic Welding in Shipbuilding. ICCAS, Trieste, Italy, September 1985, S. 86-91

/26/ Acton, J.
Sizemore, J.
Kroczynski, P.
Gilmer, P.
Optimum Utilisation of Vertical Access Robots in the Shipbuilding Industry,
In: Robots 9, SME, 2.-6. Juni 1985
S. 5-30 - 5-42

/27/ Kalogerakis, J.M.
The future use of robots in shipbuilding.
In: New Frontiers in Manufacturing, 10 (1987) 5, S.129-142

/28/ Everett, H.R.
NAVSEA
Integradted Robotics Program,
In: Anual Report, Office of Robotics and Autonomous Systems, SEA 90G, Dezember 1984, S.42-47

/29/ Action, J.
Optimal utilization of vertical access robots in the shipbuilding industry, Proceedings, ROBOTS 9 Conference, Juni 1985

/30/ Everett, H.R.
Jenkins, R.L.
Robotic Technology in Shipbuilding Applications.
In: Robotics and Autonomous Systems 4 (1988) S.281-308

/31/ NN
Flexible, low cost automation of arc welding.
In: Welding Review, (1988) 1, S. 40-45

/32/ Beyrodt, M.
Roboter ´89, DVS-Sondertagung in Fellbach.
In: Seewirtschaft 21 (1989) 11, S.555-558

/33/ Warnecke, H.-J.
Utner, W.
Industrierobotersystem zur Lichtbogenschweißung oben offener Schiffssektionen, Entwicklungen in der Schiffstechnik. BMFT-Statusseminar-Germanischer-Lloyd. Verlag TÜV Rheinland: Köln, 1989

/34/ Heinemann, M.
None-Stationary Welding Robot For Shipyard Application.
In: Mechatronics and Robotics I. International Conference on Mechatronics and Robotics, Aachen, Juni 1991, S.301-309

/35/ Seliger, G.
Kirchberger, G.
Mobile Roboter zum Schweißen Großteilen,
In: Roboter ´89, Lichtbogenschweißen, Lichtbogenschneiden, Verwandte Verfahren. Düsseldorf: DVS 1989, S.109-113

/36/ Beyrodt, M. Maass, F.-P. — Schweißroboter für den Schiffbau - Möglichkeiten des Einsatzes und der Programmierung. In: Schweißtechnik 38 (1988) 2, S. 52-55

/37/ Hanke, H. Behrendt, K.-P. — Schweißen im Schiffbau - heute und morgen. In: Schweißtechnik 34 (1984) 4, S. 148-151

/38/ Herz, G.K. Habermann, K. Mundt, J. — Einsatz eines Kehlnahtschweißroboters für Doppelbodenbauteile im Schiffbau. In: Schweißtechnik 36 (1986) 4, S. 153-155

/39/ Niehaus, Th. — Rechnerunterstützte Anwenderprogrammierung - Entwicklung für Industrieroboter und flexible Automatisierungsgeräte. Düsseldorf: VDI-Verlag, 1987 Fortschritt - Berichte VDI, Reihe 2: Fertigungstechnik: Nr. 138

/40/ Gerke, W. — Die dynamische Programmierung zur Planung kürzester kollisionsfreier Bahnen für Industrieroboter In: Robotersysteme 1 (1985) 1 S. 43-52

/41/ Scherf,B. — Programmieren mit Sprache - Einsatz von Sprachein-ausgabe zur Roboterprogrammierung. In: Roboter 7 (1989) 5, S.20-24

/42/ Gruhler,G. — Geometriedatenverarbeitung für selbsttätig programmierte Bearbeitungsroboter. In: wt Zeitschrift für Industrielle Fertigung 74 (1984) 6, S. 325-328

/43/ Egentheimer A. — Sensoranwendungen - Schlüssel zur komplexen Roboteranwendung. In: wt Werkstattstechnik 80 (1990) 1 S. 37-40

/44/ Blume, Ch. — Roboterprogrammierung für industrielle Anwendungen. In: ZwF 82 (1987) 1, S.17-21

/45/ Constantinescu — Flexible Fertigungszellen off line programmieren. In: ZwF 85 (1990) 4, S.193-197

/46/ Pritschow, G. — Programmmierung von roboterbestückten Produktionsanlagen. In: Robotersysteme 5 (1989) 1, S.47-56

/47/ Göhner, M. Einheitliche Programmierung von Industrierobotersystemen mit einem Struktureditor. In: Robotersysteme 5 (1989) 3, S. 141-148

/48/ Hammes, F. Ein Beitrag zur Verbesserung der Programmierung von Schweißrobotern unter Verwendung von verfahrensangepaßten Modulen. RWTH Aachen, Diss., 1988

/49/ Liebenow, D. Ein Beitrag zur Makroprogrammierung in der automatisierten schweißtechnischen Fertigung. RWTH Aachen, Diss., 1991

/50/ NN Firmenschrift Firma TEDATA. Bochum 1990

/51/ NN Firmenschrift Firma Tecnomatix. Dietzenbach, 1990

/52/ NN Firmenschrift Firma Denep Robotics. Darmstadt, 1990

/53/ NN DIN 1912, Teil 1 1989: Begriffe, und Benennungen für Schweißstöße, -fugen, -nähte.

/54/ NN DIN 8563, 1991: Sicherung der Güte von Schweißarbeiten,

/55/ NN DIN 1912, Teil 2, 1991: Schweißen, Löten, Arbeitspositionen.

/56/ Warnecke, H.-J. Dilthey, U. AIF/DVS Abschlußbericht Nr. 7340, 1990

/57/ NN DIN 1910, Teil 12 1989: Schweißen, Fertigungsbedingte Begriffe für Schmelzschweißen von Metallen.

/58/ NN DVS Merkblatt 1610, 1988: Schweißtechnische Fertigungsunterlagen.

/59/ NN DVS Merkblatt 0972, Teil 1, 1989: Sensoren für das vollmechanische Lichtbogenschweißen.

/60/ Fuchs, K. Flexible, sensorgesteuerte Roboterschweißsysteme. RWTH Aachen, Diss., 1987

/61/ Naval, M. Roboter-Praxis, Aufbau, Funktion und Einsatz von Industrierobotern. Würzburg: Vogel Verlag, 1989

/62/ Bronstein, I.N.; Semendjajew, K.A. — Taschenbuch der Mathematik, 25. Auflage. Stuttgart: Teubner, 1993

/63/ Bauer, F.L.; Goos, G.; Paul, M. — Bauer-Goos-Informatik, Eine einführende Übersicht. 1.Teil. Berlin: Springer Verlag, 1982

/64/ NN — DIN 1019, 1977: Warmgewalzter Wulstflachstahl.

/65/ NN — DIN 1017, 1967: Warmgewalzter Flachstahl.

/66/ Gzik, H. — Verfahrensinstrumentarium zur Werkstückauswahl und Auslegung von Industrieroboterschweißsystemen. Berlin, u.a.: Springer, 1987 Zugl. Stuttgart, Univ., Diss., 1987

IPA Forschung und Praxis

Schriftenreihe aus dem Institut für Produktionstechnik und Automatisierung, Stuttgart

Herausgeber: Prof. Dr.-Ing. H. J. Warnecke

Datenerfassung im Produktionsbereich
Von E. Bendeich. ISBN 3-7830-0117-8.
1977, 176 Seiten, kartoniert. 54,— DM

Methodenauswahl für die Materialbewirtschaftung in Maschinenbau-Betrieben
Von H. Graf. ISBN 3-7830-0136-6.
1977, 144 Seiten, kartoniert. 54,— DM

Systematische Auswahl von Förderhilfsmitteln für den innerbetrieblichen Materialfluß
Von W. Rau. ISBN 3-7830-0139-0.
1977, 103 Seiten, kartoniert. 40,— DM

Grundlagen zur Planung von Ersatzteilfertigungen
Von E. Schulz. ISBN 3-7830-0138-2.
1977, 98 Seiten, kartoniert. 40,— DM

Rechnerunterstützte Fabrikplanung
Von B. Minten. ISBN 3-7830-0116-1.
1977, 124 Seiten, kartoniert. 38,— DM

Eine Planungsmethode für automatische Montagesysteme
Von H.-G. Lohr. ISBN 3-7830-0120-X.
1977, 108 Seiten, kartoniert. 32,— DM

Planung und Bewertung von Arbeitssystemen in der Montage
Von H. Metzger. ISBN 3-7830-0131-5.
1977, 108 Seiten, kartoniert. 40,— DM

Klassifizierungssystem für Prüfmittel der industriellen Längenprüftechnik
Von R. Czetto. ISBN 3-7830-0144-7.
1978, 181 Seiten, kartoniert. 64,— DM

Rechnerunterstützte Montageplanung
Von O. Hirschbach. ISBN 3-7830-0149-8.
1978, 146 Seiten, kartoniert. 52,— DM

Rechnerunterstützte Entwicklung von Simulationsmodellen für Unternehmensplanspiele
Von A. Moker. ISBN 3-7830-0147-1.
1978, 181 Seiten, kartoniert. 64,— DM

Arbeitsplatzanalysen zur Ermittlung der Einsatzmöglichkeiten und Anforderungen an Industrieroboter
Von G. Herrmann. ISBN 37830-0151-X.
1978, 113 Seiten, kartoniert. 40,— DM

MFSP — Ein Verfahren zur Simulation komplexer Materialflußsysteme
Von G. Stemmer. ISBN 3-7830-0118-8.
1977, 140 Seiten, kartoniert. 60,— DM

Berührungslose Erkennung durch Positionsbestimmung von Objekten durch inkohärent-optische Korrelation
Von M. Konig. ISBN 3-7830-0137-4.
1977, 110 Seiten, kartoniert. 40,— DM

Auslegung von Störungspuffern in kapitalintensiven Fertigungslinien
Von R. v. Stetten. ISBN 3-7830-0140-4.
1977, 154 Seiten, kartoniert. 56,— DM

Flexible Transportablaufsteuerung
Von G. Römer. ISBN 3-7830-0114-5.
1977, 188 Seiten, kartoniert. 60,— DM

Rechnergestützte Realplanung von Fabrikanlagen
Von T.-K. Sauter. ISBN 3-7830-0119-6.
1977, 108 Seiten, kartoniert. 32,— DM

Systematisches Auswählen und Konzipieren von programmierbaren Handhabungsgeräten
Von R. D. Schraft. ISBN 3-7830-0115-3.
1977, 108 Seiten, kartoniert. 32,— DM

Auslandsproduktion
Von W. Cypris. ISBN 3-7830-0145-5.
1978, 126 Seiten, kartoniert. 42,— DM

Wirtschaftlicher Einsatz von Mehrkoordinatenmeßgeräten
Von M. Dietzsch. ISBN 3-7830-0148-X.
1978, 142 Seiten, kartoniert. 52,— DM

Fertigungssteuerung bei flexiblen Arbeitsstrukturen
Von K.-G. Lederer. ISBN 3-7830-0146-3.
1978, 128 Seiten, kartoniert. 42,— DM

Untersuchungen zum Polieren und Entgraten durch elektrochemisches Oberflächenabtragen
Von K. Zerweck. ISBN 3-7830-0150-1.
1978, 110 Seiten, kartoniert. 40,— DM

Stufenweise Ableitung eines praktischen Planungssystems für den Entwicklungsbereich
Von R. Hichert. ISBN 3-7830-0149-8.
1978, 151 Seiten, kartoniert. 52.– DM

Produktionsplanung mit Auftragsfamilien
Von U. W. Geitner. ISBN 3-7830-0161.7.
1979, 110 Seiten, kartoniert. 45.– DM

Thermisch-chemisches Entgraten
Von T. Wagner. ISBN 3-7830-0164-1.
1979, 111 Seiten, kartoniert. 45.– DM

Untersuchung der Materialflußkosten bei ausgewählten Systemen der Zentralen Arbeitsverteilung
Von R. Wenzel. ISBN 3-7830-0162-5.
1979, 108 Seiten, kartoniert. 86.– DM

Anpassung und Einführung eines Planungssystems für die Ablaufplanung im Konstruktionsbereich
Von W. Dangelmaier. ISBN 3-7830-0163-3.
1979, 168 Seiten, kartoniert. 80.– DM

Längenmessungen an bewegten Teilen mit berührungslos wirkenden Aufnehmern
Von H. Lang. ISBN 3-7830-0157-9
1979, 89 Seiten, kartoniert. 42.– DM

Untersuchung multistabiler Strömungselemente und ihr Einsatz in sequentiellen Steuerungen
Von A. Ernst. ISBN 3-7830-0157-9.
1979, 122 Seiten, kartoniert. 48.– DM

Taktile Sensoren für programmierbare Handhabungsgeräte
Von M. Schweizer. ISBN 3-7830-0158-7.
1979, 91 Seiten, kartoniert. 42.– DM

Die rechnerunterstützte Prüfplanung
Von P. Blasing ISBN 3-7830-0152-8.
1979, 100 Seiten, kartoniert. 44.– DM

Verfahren zur Fabrikplanung im Mensch-Rechner-Dialog am Bildschirm
Von W. Ernst. ISBN 3-7830-0156-0.
1979, 218 Seiten, kartoniert 72.– DM

Rechnerunterstütztes Verfahren zur Leistungsabstimmung von Mehrmodell-Montagesystemen
Von M. Gorke ISBN 3-7830-0155-2.
1979, 139 Seiten, kartoniert 50.– DM

Standortbezogene Betriebsmittel
Von G. Pflieger ISBN 3-7830-0167-6.
1979, 127 Seiten, kartoniert. 52.– DM

Die betriebswirtschaftliche Beurteilung neuer Arbeitsformen
Von B.-H. Zippe. ISBN 3-7830-0168-4.
1979, 350 Seiten, kartoniert. 98.– DM

Untersuchung des Arbeitsverhaltens programmierbarer Handhabungsgeräte
Von B. Brodbeck. ISBN 3-7830-0169-2.
1979, 117 Seiten, kartoniert 48.– DM

Untersuchung eines kohärent-optischen Verfahrens zur Rauheitsmessung
Von N. Rau ISBN 3-7830-0174-9
1979, 117 Seiten, kartoniert. 48.– DM

Entwicklung einer programmierbaren, pneumatischen Steuerung
Von D. Klemenz. ISBN 3-7830-0171-4
1979, 93 Seiten, kartoniert. 42.– DM

IPA Forschung und Praxis

Berichte aus dem Fraunhofer-Institut für Produktionstechnik und Automatisierung, Stuttgart, und dem Institut für Industrielle Fertigung und Fabrikbetrieb der Universität Stuttgart

Herausgeber: Prof. Dr.-Ing. H. J. Warnecke

---

38 **Arbeitsgangterminierung mit variabel strukturierten Arbeitsplänen — Ein Beitrag zur Fertigungssteuerung flexibler Fertigungssysteme**
Von U. Maier. ISBN 3-540-10213-2
1980, 111 Seiten mit 45 Abbildungen. 43,-- DM

39 **Kapazitätsabgleich bei flexiblen Fertigungssystemen**
Von P. S. Nieß. ISBN 3-540-10372-4.
1980, 151 Seiten mit 57 Abbildungen 48,-- DM

40 **Schichtdickenverteilung auf galvanisierten Paßteilen am Beispiel kleiner abgesetzter Wellen und Bohrungen**
Von D. Wolfhard. ISBN 3-540-10373-2.
1980, 177 Seiten mit 83 Abbildungen 48,-- DM

41 **Planung von Mehrstellenarbeit unter Berücksichtigung von Umfeldaufgaben**
Von S. Haußermann. ISBN 3-540-10374-0.
1980, 136 Seiten mit 59 Abbildungen 48,-- DM

42 **Untersuchungen zur Schmierfilmdicke in Druckluftzylindern — Beurteilung der Abstreifwirkung und des Reibungsverhaltens von Pneumatikdichtungen mit Hilfe eines neu entwickelten Schmierfilmdicken-meßverfahrens**
Von R. Kohnlechner. ISBN 3-540-10375-9
1980, 100 Seiten mit 38 Abbildungen und 4 Tabellen. 43,— DM

43 **Typologie zum überbetrieblichen Vergleich von Fertigungssteuerungsverfahren im Maschinenbau**
Von G. Rabus. ISBN 3-540-10376-7.
1980, 174 Seiten mit 88 Abbildungen und 21 Tafeln. 48,— DM

44 **System zur Planung des Umlaufbestandes in Betrieben mit Serienfertigung**
Von K.-G. Wilhelm. ISBN 3-540-10377-5.
1980, 142 Seiten mit 67 Abbildungen und 15 Tafeln. 48,— DM

45 **Rechnerunterstützte Arbeitsplanerstellung mit Kleinrechnern, dargestellt am Beispiel der Blechbearbeitung**
Von W. Hoheisel. ISBN 3-540-10505-0
1981, 169 Seiten mit 74 Abbildungen. 48,— DM

46 **Beitrag zur Verbesserung der Wirtschaftlichkeit EDV-unterstützter Fertigungssteuerungssysteme durch Schwachstellenanalyse**
Von J. Lienert. ISBN 3-540-10506-9
1981, 148 Seiten mit 37 Abbildungen. 48,— DM

47 **Die Abscheidung von Öl an Entlüftungsöffnungen drucklufttechnischer Anlagen**
Von W.-D. Kiessling. ISBN 3-540-10604-9.
1981, 117 Seiten mit 48 Abbildungen und 3 Tabellen. 43,— DM

48 **Dynamische Optimierung technisch-ökonomischer Systeme**
Von J. Warschat. ISBN 3-540-10717-7.
1981, 132 Seiten mit 60 Abbildungen. 43,— DM

49 **Bildsensor zur Mustererkennung und Positionsmessung bei programmierbaren Handhabungsgeräten**
Von H. Geißelmann. ISBN 3-540-10735-5.
1981, 125 Seiten mit 52 Abbildungen. 43,— DM

50 **Verfügbarkeitsberechnung für komplexe Fertigungseinrichtungen**
Von Ekkehard Gericke. ISBN 3-540-10779-7.
1981, 132 Seiten mit 71 Abbildungen. 43,— DM

51 **Materialflußgestaltung in Fertigungssystemen**
Von Willi Rößner. ISBN 3-540-10888-2.
1981, 149 Seiten mit 76 Abbildungen. 48,— DM

52 **Beitrag zur Analyse der Auswirkungen der Mikroelektronik, dargestellt am Beispiel der Büromaschinen-Industrie**
Von Werner Neubauer. ISBN 3-540-10991-9.
1981, 145 Seiten mit 27 Abbildungen und 47 Tabellen. 43,— DM

53 **Modelle von Informationssystemen zur kurzfristigen Fertigungssteuerung und ihre Gestaltung nach betriebsspezifischen Gesichtspunkten**
Von Roland Gentner. ISBN 3-540-10992-7.
1981, 181 Seiten mit 69 Abbildungen und 7 Tabellen. 48,— DM

54 **Entwicklung von Verfahren zur Terminplanung und -steuerung bei flexiblen Montagesystemen**
Von Jürgen H. Kolle. ISBN 3-540-11227-8.
1981, 132 Seiten mit 64 Abbildungen und 1 Faltplan. 43,— DM

55 **Arbeits- und Kapazitätsteilung in der Montage**
Von Stefan Dittmayer. ISBN 3-540-11228-6.
1981, 124 Seiten und 56 Abbildungen 43,— DM

56 **Beitrag zur systematischen Planung der Qualitätsprüfung bei Klein- und Mittelserienfertigung**
Von Herbert Babic. ISBN 3-540-11325-8
1982, 108 Seiten mit 38 Abbildungen und 7 Tabellen. 53,— DM

57 **Methode zur rechnerunterstützten Einsatzplanung von programmierbaren Handhabungsgeräten**
Von Uwe Schmidt-Streier. ISBN 3-540-11355-X.
1982, 188 Seiten mit 72 Abbildungen. 53.– DM

58 **Werkstoff- und Energiekennwerte industrieller Lackieranlagen, am Beispiel der Automobilindustrie**
Von Rainer Manfred Thiel. ISBN 3-540-11356-8.
1982, 116 Seiten mit 59 Abbildungen. 53.– DM

59 **Maßnahmen zum Verbessern der pneumatischen Lackzerstäubung – Teilchengrößenbestimmung im Spritzstrahl –**
Von Klaus Werner Thomer. ISBN 3-540-11507-2.
1982, 162 Seiten mit 94 Abbildungen und 1 Tabelle. 53.– DM

60 **Ermittlung und Bewertung von Rationalisierungsmaßnahmen im Produktionsbereich**
Von Jürgen Schilde. ISBN 3-540-11730-X.
1982, 150 Seiten mit 57 Abbildungen. 53.– DM

61 **Untersuchung von Verfahren der Reihenfolgeplanung und ihre Anwendung bei Fertigungszellen**
Von Mohamed Osman. ISBN 3-540-11747-4.
1982, 124 Seiten mit 32 Abbildungen und 3 Tabellen. 53.– DM

62 **Ein Simulationsmodell zur Planung gruppentechnologischer Fertigungszellen**
Von Volker Saak. ISBN 3-540-11747-4.
1982, 134 Seiten mit 53 Abbildungen. 53.– DM

63 **Verfahren zur technischen Investitionsplanung automatisierter Fertigungsanlagen**
Von Günter Vettin. ISBN 3-540-11747-4.
1982, 134 Seiten mit 63 Abbildungen. 53.– DM

64 **Pneumatische Sensoren zur prozeßsimultanen Messung des Werkzeugverschleißes und zur Kollisionsvermeidung beim Messerkopffräsen**
Von Wolfgang Jentner. ISBN 3-540-11747-4.
1982, 126 Seiten mit 47 Abbildungen und 6 Tabellen. 53.– DM

65 **Rechnerunterstützte Gestaltung ortsgebundener Montagearbeitsplätze, dargestellt am Beispiel kleinvolumiger Produkte**
Von Eberhard Haller. ISBN 3-540-12015-7.
1982, 130 Seiten mit 43 Abbildungen. 53.– DM

66 **Fernsehüberwachung von Schutzgasschweißvorgängen mit abschmelzender Elektrode MIG – MAG**
Von Ruprecht Niepold. ISBN 3-540-12181-7.
1983, 178 Seiten mit 73 Abbildungen und 5 Tabellen. 58.– DM

67 **Entwicklung flexibler Ordnungssysteme für die Automatisierung der Werkstückhandhabung in der Klein- und Mittelserienfertigung**
Von Karl Weiss. ISBN 3-540-12455-1.
1983, 116 Seiten mit 68 Abbildungen. 58.– DM

68 **Automatisierte Überwachungsverfahren für Fertigungseinrichtungen mit speicherprogrammierten Steuerungen**
Von Werner Eißler. ISBN 3-540-12456-X.
1983, 128 Seiten mit 66 Abbildungen. 58.– DM

69 **Prozeßüberwachung beim Galvanoformen**
Von Jürgen Wilhelm Böcker. ISBN 3-540-12457-8.
1983, 118 Seiten mit 32 Abbildungen. 58.– DM

70 **LAPEX – Ein rechnerunterstütztes Verfahren zur Betriebsmittelzuordnung**
Von Stephan Mayer. ISBN 3-540-12490-X.
1983, 162 Seiten mit 34 Abbildungen und 2 Tabellen. 58.– DM

71 **Gestaltung eines integrierten Produktionssystems für die Sortenfertigung unter Einsatz der Clusteranalyse**
Von Gerald Weber. ISBN 3-540-12650-3.
1983, 194 Seiten mit 54 Abbildungen. 58.– DM

72 **Gußputzen mit sensorgeführten, programmierbaren Handhabungsgeräten**
Von Eberhard Abele. ISBN 3-540-12651-1.
1983, 133 Seiten mit 66 Abbildungen. 58,– DM

73 **Untersuchungen zur Herstellung und zum Einsatz galvanogeformter Erodierelektroden**
Von Harald Müller. ISBN 3-540-12822-0.
1983, 148 Seiten mit 78 Abbildungen. 58,– DM

74 **Ein Beitrag zur Optimierung der Prozeßführungsstrategien automatisierter Förder- und Materialflußsysteme**
Von Hans Steffens. ISBN 3-540-12968-5.
1983. 161 Seiten mit 60 Abbildungen. 58,– DM

75 **Entwicklung eines Verfahrens zur wertmäßigen Bestimmung der Produktivität und Wirtschaftlichkeit von Personalentwicklungsmaßnahmen in Arbeitsstrukturen**
Von Christian Müller. ISBN 3-540-13041-1.
1983. 129 Seiten mit 34 Abbildungen. 58,– DM

76 **Berechnung der Gestaltänderung von Profilen infolge Strahlverschleiß**
Von Wolfgang Marx. ISBN 3-540-13054-3.
1983. 121 Seiten mit 58 Abbildungen. 58,– DM

77 **Algorithmen zur flexiblen Gestaltung der kurzfristigen Fertigungssteuerung**
Von Rudolf E. Scheiber. ISBN 3-540-13500-6.
1984, 150 Seiten mit 73 Abbildungen und 1 Tabelle. 63.– DM

78 **Galvanisieren mit moduliertem Strom**
Von Jürgen Wolfgang Mann. ISBN 3-540-13733-5.
1984, 145 Seiten und 58 Abbildungen. 63,– DM

79 **Fluoreszenzmeßverfahren zur Schmierfilmdickenmessung in Wälzlagern**
Von Wolfgang Schmutz. ISBN 3-540-13777-7.
1984, 141 Seiten und 66 Abbildungen. 63,– DM

IPA-IAO Forschung und Praxis

Berichte aus dem Fraunhofer-Institut für Produktionstechnik und Automatisierung (IPA), Stuttgart, Fraunhofer-Institut für Arbeitswirtschaft und Organisation (IAO), Stuttgart, und Institut für Industrielle Fertigung und Fabrikbetrieb der Universität Stuttgart

Herausgeber: Prof. Dr.-Ing. H. J. Warnecke und Prof. Dr.-Ing. H.-J. Bullinger

---

80 **Flexibilität und Kapazität von Werkstückspeichersystemen**
Von Bernhard Graf. ISBN 3-540-13970-2.
1984, 115 Seiten mit 71 Abbildungen. 63,– DM

T1 **Flexible Fertigungssysteme**
17. IPA-Arbeitstagung zusammen mit der 3. Internationalen Konferenz „Flexible Manufacturing Systems (FMS-3)", ISBN 3-540-13807-2.
1984, 249 Seiten mit zahlreichen Abbildungen. 118,– DM

T2 **Integrierte Bürosysteme**
3. IAO-Arbeitstagung. ISBN 3-540-13978-8.
1984, 633 Seiten mit zahlreichen Abbildungen. 168,– DM

81 **Rechnerunterstützte Planung von Montageablaufstrukturen für Erzeugnisse der Serienfertigung**
Von Ernst-Dieter Ammer. ISBN 3-540-15056-0.
1985, 120 Seiten mit 1 Faltblatt und 33 Abbildungen. 63,– DM

82 **Flexibilität von personalintensiven Montagesystemen bei Serienfertigung**
Von Heinrich Vähning. ISBN 3-540-15093-5.
1985, 152 Seiten mit 49 Abbildungen. 63,– DM

83 **Ordnen von Werkstücken mit programmierbaren Handhabungsgeräten und Werkstückerkennungssensoren**
Von Ingo Schmidt. ISBN 3-540-15375-6.
1985, 111 Seiten mit 66 Abbildungen. 63,– DM

84 **Systematische Investitionsplanung**
Von Jorge Moser. ISBN 3-540-15370-5.
1985, 190 Seiten mit 69 Abbildungen. 63 – DM

T3 **Montage · Handhabung · Industrieroboter**
Internationaler MHI-Kongreß im Rahmen der Hannover-Messe '85. ISBN 3-540-15500-7.
1985, 267 Seiten mit zahlreichen Abbildungen. 128,– DM

85 **Flexible Montagesysteme – Konzeption und Feinplanung durch Kombination von Elementen**
Von Peter Konold / Bernd Weller. ISBN 3-540-15606-2.
1985, 162 Seiten mit 71 Abbildungen und 9 Tabellen. 63,– DM

T4 **Menschen · Arbeit · Neue Technologien**
4. IAO-Arbeitstagung zusammen mit der 2. Internationalen Konferenz „Human Factors in Manufacturing". ISBN 3-540-15763-8.
1985, 442 Seiten mit zahlreichen Abbildungen. 168,– DM

86 **Leitstandunterstützte kurzfristige Fertigungssteuerung bei Einzel- und Kleinserienfertigung**
Von Lothar Aldinger. ISBN 3-540-15903-7.
1985, 151 Seiten mit 49 Abbildungen und 2 Tabellen. 63,– DM

87 **Bestimmen des Bürstenverhaltens anhand einer Einzelborste**
Von Klaus Przyklenk. ISBN 3-540-15956-8.
1985, 117 Seiten mit 74 Abbildungen. 63,– DM

88 **Montage großvolumiger Produkte mit Industrierobotern**
Von Jörg Walther. ISBN 3-540-16027-2.
1985, 125 Seiten mit 58 Abbildungen. 63,– DM

89 **Algorithmen und Verfahren zur Erstellung innerbetrieblicher Anordnungspläne**
Von Wilhelm Dangelmaier. ISBN 3-540-16144-9.
1986, 268 Seiten mit 79 Abbildungen. 68,– DM

90 **Bewertung der Instandhaltung von Fertigungssystemen in der technischen Investitionsplanung**
Von Hagen U. Uetz. ISBN 3-540-16166-X.
1986, 129 Seiten mit 38 Abbildungen. 68,– DM

91 **Entgraten durch Hochdruckwasserstrahlen**
Von Manfred Schlatter. ISBN 3-540-16172-4.
1986, 167 Seiten mit 89 Abbildungen und 18 Tabellen. 68,– DM

92 **Werkstückorientierte Verfahrensauswahl zum Gußputzen mit Industrierobotern**
Von Wolfgang Sturz. ISBN 3-540-16224-0.
1986, 156 Seiten mit 59 Abbildungen. 68,– DM

93 **Verfahren zur Verringerung von Modell-Mix-Verlusten in Fließmontagen**
Von Reinhard Koether. ISBN 3-540-16499-5.
1986, 175 Seiten mit 46 Abbildungen und 1 Tabelle. 68,– DM

94 **Entwicklung und Einsatz eines interaktiven Verfahrens zur Leistungsabstimmung von Montagesystemen**
Von Günter Schad. ISBN 3-540-16978-4.
1986, 120 Seiten mit 31 Abbildungen und 1 Tabelle. 68,– DM

95 **Qualifizierung an Industrierobotern**
Von Wolfgang Bachl. ISBN 3-540-17018-9.
1986, 218 Seiten mit 30 Abbildungen. 68,– DM

96 **Rechnersimulation des Beschichtungsprozesses beim Elektrotauchlackieren – Anwendung zum Berechnen des Umgriffs**
Von Otto Baumgärtner. ISBN 3-540-17102-9.
1986, 113 Seiten mit 42 Abbildungen. 68,– DM

97 **Ergonomische Gestaltung von Rotationsstellteilen für grob- und sensomotorische Tätigkeiten**
Von Werner F. Muntzinger. ISBN 3-540-17247-5.
1986, 135 Seiten mit 51 Abbildungen und 33 Tabellen. 68,– DM

98 **Die optische Rauheitsmessung in der Qualitätstechnik**
Von R. J. Ahlers. ISBN 3-540-17242-4.
1986, 133 Seiten mit 56 Abbildungen und 2 Tabellen. 68,– DM

99 **Maschinelle Spracherkennung zur Verbesserung der Mensch-Maschine-Schnittstelle**
Von Gerhard Rigoll. ISBN 3-540-17350-1.
1986, 134 Seiten mit 55 Abbildungen. 68,– DM

100 **Konzeption und Auswahl modularer Magazinpaletten**
Von Thomas Zipse. ISBN 3-540-17584-9.
1987, 126 Seiten mit 54 Abbildungen. 68,– DM

101 **Anschlüsse an Kupferrohre – Herstellung und Automatisierungsmöglichkeit**
Von Eberhard Rauschnabel. ISBN 3-540-17807-4.
1987, 120 Seiten mit 88 Abbildungen. 68,– DM

102 **Mengen- und ablauforientierte Kapazitätsplanung von Montagesystemen**
Von Hans Sauer. ISBN 3-540-17815-5.
1987, 156 Seiten mit 64 Abbildungen. 68,– DM

103 **Verfahrensinstrumentarium zur Werkstückauswahl und Auslegung von Industrieroboterschweißsystemen**
Von Herbert Gzik. ISBN 3-540-17928-3.
1987, 138 Seiten mit 56 Abbildungen. 68,– DM

104 **Integration von Förder- und Handhabungseinrichtungen**
Von Joachim Schuler. ISBN 3-540-17955-0.
1987, 153 Seiten mit 61 Abbildungen. 68,– DM

105 **Produktionsmengen- und -terminplanung bei mehrstufiger Linienfertigung**
Von H. Kühnle. ISBN 3-540-18038-9.
1987, 124 Seiten mit 25 Abbildungen. 68,– DM

106 **Untersuchung des Plasmaschneidens zum Gußputzen mit Industrierobotern**
Von Jong-Oh Park. ISBN 3-540-18037-0.
1987, 142 Seiten mit 70 Abbildungen. 68,– DM

107 **Fügen von biegeschlaffen Steckkontakten mit Industrierobotern**
Von Daegab Gweon. ISBN 3-540-18134-2.
1987, 115 Seiten mit 13 Abbildungen. 68,– DM

108 **Entwicklung eines biomechanischen Modells des Hand-Arm-Systems**
Von Georgios Tsotsis. ISBN 3-540-18135-0.
1987, 163 Seiten mit 45 Abbildungen. 68,– DM

109 **Ein Beitrag zur Planungssystematik für die automatisierte flexible Blechteilefertigung**
Von Thomas Weber. ISBN 3-540-18136-9.
1987, 149 Seiten mit 56 Abbildungen. 68,– DM

110 **Entwicklung eines Meßverfahrens zur Bestimmung des Positionier- und Orientierungsverhaltens von Industrierobotern**
Von Günter Schiele. ISBN 3-540-18137-7.
1987, 116 Seiten mit 48 Abbildungen. 68,– DM

111 **Schwingungsbelastung beim Arbeiten mit handgeführten, einachsigen Motormähgeräten**
Von Peter Kern. ISBN 3-540-18193-8.
1987, 145 Seiten mit 43 Abbildungen und 5 Tabellen. 68,– DM

112 **Entwicklung eines berührungslosen Tastsystems für den Einsatz an Koordinatenmeßgeräten**
Von Hie-Sik Kim. ISBN 3-540-18578-X.
1987, 111 Seiten mit 62 Abbildungen und 4 Tabellen. 68,– DM

113 **Qualifizierung an Industrierobotern – Ziele, Inhalte und Methoden**
Von Volker Korndörfer. ISBN 3-540-18618-2.
1987, 318 Seiten mit 100 Abbildungen. 68,– DM

114 **Funktional und räumlich variables und modulares Laborgerätesystem**
Von Alfred Mack. ISBN 3-540-18786-3.
1988, 116 Seiten mit 39 Abbildungen. 73,– DM

115 **Produktrecycling im Maschinenbau**
Von Rolf Steinhilper. ISBN 3-540-18849-5.
1988, 167 Seiten mit 50 Abbildungen. 73,– DM

116 **Integration der montagegerechten Produktgestaltung in den Konstruktionsprozeß**
Von Rudolf Bäßler. ISBN 3-540-19058-9.
1988, 133 Seiten mit 49 Abbildungen. 73,– DM

117 **Ein Algorithmus zur kapazitätsorientierten Bildung von Losen**
Von Tilmann Greiner. ISBN 3-540-19300-6.
1988, 135 Seiten mit 37 Abbildungen. 73,– DM

118 **Kabelbaummontage mit Industrierobotern**
Von Gerd Schlaich. ISBN 3-540-19301-4.
1988, 131 Seiten mit 62 Abbildungen. 73,– DM

119 **Beitrag zur Verbesserung der Fertigungskostentransparenz bei Großserienfertigung mit Produktvielfalt**
Von Albrecht Köhler. ISBN 3-540-19393-6.
1988, 148 Seiten mit 72 Abbildungen. 73,– DM

120 **Entwicklungs- und Planungshilfen zum Aufbau von flexiblen Ordnungssystemen**
Von Rainer Schanz. ISBN 3-540-19394-4.
1988, 104 Seiten mit 48 Abbildungen. 73,– DM

121 **Bestücken von Leiterplatten mit Industrierobotern**
Von Ernst Wolf. ISBN 3-540-50013-8.
1988, 132 Seiten mit 63 Abbildungen. 73,– DM

122 **Verschleißvorgänge beim Querschneiden dünner Bahnen**
Von Thomas Hülsmann. ISBN 3-540-50049-9.
1988, 126 Seiten mit 47 Abbildungen und 5 Tabellen. 73,– DM

123 **Geometrieprüfung in der Fertigungsmeßtechnik mit bildverarbeitenden Systemen**
Von Claus P. Keferstein. ISBN 3-540-50050-2.
1988, 128 Seiten mit 53 Abbildungen. 73,– DM

124 **Modulares Simulationsmodell für die Abläufe in verketteten Fertigungszellen mit Industrierobotern**
Von Kum-Hoan Kuk. ISBN 3-540-50069-3.
1988, 130 Seiten mit 57 Abbildungen. 73,– DM

125 **Montage von Schläuchen mit Industrierobotern**
Von Bruno Frankenhauser. ISBN 3-540-50072-3.
1988, 139 Seiten mit 63 Abbildungen. 73,– DM

126 **Kommissioniersystem mit Roboter und Mehrstückgreifer**
Von Klaus Baumeister. ISBN 3-540-50133-9.
1988, 104 Seiten mit 53 Abbildungen. 73,– DM

127 **Sensorunterstütztes Programmierverfahren für das Entgraten mit Industrierobotern**
Von Dieter Boley. ISBN 3-540-50175-4.
1988, 128 Seiten mit 67 Abbildungen. 73,– DM

128 **Die Arbeitsraumgestaltung manueller Montagearbeitsplätze mit graphischen und wissensbasierten Methoden**
Von Klaus Lay. ISBN 3-540-50259-9.
1988, 129 Seiten mit 50 Abbildungen und 7 Tabellen. 73,– DM

129 **Automatisierung des Biegerichtens**
Von Stefan Thiel. ISBN 3-540-50432-X.
1988, 142 Seiten mit 57 Abbildungen und 5 Tabellen. 73,– DM

130 **Rechnergestützte Verfahren zur Auslegung der Mechanik von Industrierobotern**
Von Martin-Christoph Wanner. ISBN 3-540-50640-3.
1989, 202 Seiten mit 80 Abbildungen. 73,– DM

131 **Entwicklung eines bestandsorientierten Fertigungssteuerungssystems für die Großserienfertigung am Beispiel des Automobilbaus**
Von G. Hachtel. ISBN 3-540-50639-X.
1989, 163 Seiten mit 34 Abbildungen und 6 Tabellen. 73,– DM

132 **Ergonomische Gestaltung der Benutzerschnittstelle am Antriebssystem des Greifreifenrollstuhls**
Von Ludwig Traut. ISBN 3-540-50877-5.
1989, 210 Seiten mit 127 Abbildungen. 73,– DM

133 **Planung taktzeitoptimierter flexibler Montagestationen**
Von Joachim Schöninger. ISBN 3-540-50896-1.
1989, 122 Seiten mit 47 Abbildungen. 73,– DM

134 **Ein Modell für ein integriertes Qualitäts- und Prüfplanungssystem in der Montage**
Von Josef R. Kring. ISBN 3-540-51195-4.
1989, 140 Seiten mit 60 Abbildungen. 73,– DM

135 **Fertigungsstrukturierung auf der Basis von Teilefamilien**
Von Manfred Auch. ISBN 3-540-51290-X.
1989, 138 Seiten mit 34 Abbildungen. 73,– DM

136 **Kollisionsbehandlung als Grundbaustein eines modularen Industrieroboter-Off-line-Programmiersystems**
Von Andreas Altenhein. ISBN 3-540-51418-X.
1989, 129 Seiten mit 53 Abbildungen. 73,– DM

137 **Ein Beitrag zur Planung und Bewertung Neuer Arbeitsstrukturen in NE-Metallgießereien Dargestellt am Beispiel der Fertigungsinsel**
Von Horst Nespeta. ISBN 3-540-51419-8.
1989, 157 Seiten mit 58 Abbildungen. 73,– DM

138 **Verfahren zur Prüfung der Partikelkontamination in Versorgungssystemen für hochreine Flüssigkeiten**
Von Rolf Herz. ISBN 3-540-51457-0.
1989, 123 Seiten mit 61 Abbildungen. 73,– DM

139 **Messung gekrümmter Flächen mit berührungslosen Verfahren**
Von Leo Schreiber. ISBN 3-540-51493-7.
1989, 119 Seiten mit 72 Abbildungen. 73,– DM

140 **Automatisiertes Lackieren mit steuerbaren Spritzpistolen**
Von Konrad A. Ortlieb. ISBN 3-540-51518-6.
1989, 121 Seiten mit 45 Abbildungen. 73,– DM

141 **Grundlagen zur Entwicklung reinraumtauglicher Handhabungssysteme**
Von Jürgen Geißinger. ISBN 3-540-51959-9.
1989, 124 Seiten mit 82 Abbildungen. 73,– DM

142 **CAD-Video-Somatographie**
Entwicklung und Bewertung einer Methode zur anthropometrischen Arbeitsgestaltung
Von Dieter Lorenz. ISBN 3-540-52163-1.
1989, 169 Seiten mit 61 Abbildungen. 73,– DM

143 **Eine Systemarchitektur für die Gestaltung und das Management verteilter Informationssysteme**
Von Andreas J. Ness. ISBN 3-540-52224-7.
1990, 203 Seiten mit 62 Abbildungen. 78,– DM

144 **Untersuchungen über den optisch-physiologischen Eindruck der Oberflächenstruktur von Lackfilmen**
Von Horst Schene. ISBN 3-540-52226-3.
1990, 149 Seiten mit 106 Abbildungen. 78,– DM

145 **Planungsmethodik für ein Qualitätskostensystem**
Von Alfred Rauba. ISBN 3-540-52477-0.
1990, 166 Seiten mit 73 Abbildungen. 78,– DM

146 **Kleinserienbestückung von Leiterplatten mit bedrahteten Bauelementen durch Industrieroboter**
Von Martin Domm. ISBN 3-540-52867-9.
1990, 106 Seiten mit 48 Abbildungen. 78,– DM

147 **Sensor- und Steuerungssystem für die leitlinienlose Führung automatischer Flurförderzeuge**
Von Gerhard Drunk. ISBN 3-540-53033-9.
1990, 135 Seiten mit 52 Abbildungen. 78,– DM

148 **Ein System zur wissensbasierten Diagnose an CNC-Werkzeugmaschinen durch den Maschinenbediener**
Von Klaus-Peter Fähnrich. ISBN 3-540-53034-7.
1990, 132 Seiten mit 48 Abbildungen und 18 Tabellen. 78,– DM

149 **Werkstückbegleitender Informationsspeicher als Basis für ein informationstechnisches Konzept für Halbleiterfertigungen**
Von Klaus-Dieter Sauter. ISBN 3-540-53236-6.
1990, 115 Seiten mit 55 Abbildungen. 78,– DM

150 **Ein Planungsverfahren zur Erkennung und Bewältigung von Material- und Kapazitätsengpässen bei mehrstufiger Linienfertigung**
Von Ralf-Michael Fuchs. ISBN 3-540-53271-4.
1990, 176 Seiten mit 65 Abbildungen. 78,– DM

151 **Montage von Schrauben mit Industrierobotern**
Von Gernot E. Fischer. ISBN 3-540-53519-5.
1990, 97 Seiten mit 37 Abbildungen. 78,– DM

152 **Flächenorientierte Termin- und Kapazitätsplanung bei innerbetrieblicher Baustellenfertigung**
Von Rolf Schlauch. ISBN 3-540-53584-5.
1990, 130 Seiten mit 53 Abbildungen. 78,– DM

153 **Wissensbasierte Entscheidungsunterstützung bei der Auswahl von Industrierobotern**
Von Günter Jordan. ISBN 3-540-53744-9.
1991, 116 Seiten mit 49 Abbildungen. 78,– DM

154 **Simulationssystem für Fertigungsprozesse mit Stückgutcharakter**
Ein gegenstandsorientiertes System mit parametrisierter Netzwerkmodellierung
Von Bernd-Dietmar Becker. ISBN 3-540-53847-X.
1991, 162 Seiten mit 48 Abbildungen und 47 Tabellen. 78,– DM

155 **Algorithmen der Sprachverarbeitung zur Entwicklung eines vollsynthetischen Sprachausgabesystems**
Von Gerhard Rigoll. ISBN 3-540-53870-4.
1991, 321 Seiten mit 235 Abbildungen. 78,– DM

156 **Wissensbasierte CAD-Systemkomponente zum Entwurf montagegerechter Produkte**
Von Ralph Richter. ISBN 3-540-54725-8.
1991, 137 Seiten mit 56 Abbildungen. 78,– DM

157 **Heftschweißverfahren für das Lagefixieren von Werkstücken beim Schutzgasschweißen mit Industrierobotern**
Von Carsten Martin Claussen. ISBN 3-540-54951-X.
1991, 140 Seiten mit 43 Abbildungen. 78,– DM

158 **Ein Beitrag zur Meßdatenverarbeitung in der Koordinatenmeßtechnik**
Von Thomas Garbrecht. ISBN 3-540-55030-5.
1991, 135 Seiten mit 94 Abbildungen und 5 Tabellen. 78,– DM

159 **Ein Beitrag zur Planung und Optimierung der Verfahrensteilung in der Fertigung**
Von Hans-Peter Roth. ISBN 3-540-55113-1.
1992, 130 Seiten mit 50 Abbildungen. 78,– DM

160 **Flexible Montage von Leitungssätzen mit Industrierobotern**
Von Herbert H. Emmerich ISBN 3-540-55227-8.
1992, 135 Seiten mit 70 Abbildungen. 88,– DM

161 **Toleranzausgleichssysteme für Industrieroboter am Beispiel des feinwerktechnischen Bolzen-Loch-Problems**
Von Uwe Schweigert ISBN 3-540-55228-6.
1992, 119 Seiten mit 61 Abbildungen. 88,– DM

162 **Entwicklung eines interaktiven Simulators auf der Basis von Petri-Netzen zur Modellierung und Bewertung hybrider Montagestrukturen**
Von W. Schweizer ISBN 3-540-55229-4.
1992, 159 Seiten mit 76 Abbildungen. 88,– DM

163 **Entwicklung eines Verfahrens zur rechnerunterstützten Gestaltung verteilter Informationssysteme**
Von Friedemann Reim ISBN 3-540-55269-3.
1992, 151 Seiten mit 43 Abbildungen. 88,– DM

164 **EDV-gestützte Planungs- und Entscheidungshilfen zur Auslegung von Produktionsstrukturen mit strukturkostenoptimierten Dezentralen Verantwortungsbereichen**
Von Ulrich Hallwachs ISBN 3-540-55477-7.
1992, 186 Seiten mit 66 Abbildungen. 88,– DM

165 **Strömungstechnische Auslegung reinraumtauglicher Fertigungseinrichtungen**
Von Elmar Degenhart ISBN 3-540-55478-5.
1992, 137 Seiten mit 72 Abbildungen. 88,– DM

166 **Synthese und Simulation dreidimensionaler Hand-Arm-Bewegungen an manuellen Montagearbeitsplätzen**
Von Raimund Menges ISBN 3-540-55752-0.
1992, 215 Seiten mit 70 Abbildungen. 88,– DM

167 **Bewertung inhomogener fraktaler Strukturen und Skalenanalyse von Texturen**
Von Uwe Müssigmann ISBN 3-540-55796-2.
1992, 99 Seiten mit 43 Abbildungen. 88,– DM

168 **Ein Informationssystem für Instandhaltungsleitstellen**
Von Wilfried Sihn ISBN 3-540-55853-5.
1992, 167 Seiten mit 67 Abbildungen. 88,– DM

169 **Verfahren zum automatischen Palettieren von quaderförmigen Packstücken im beliebigen Sortenmix**
Von Walter Michael Strommer ISBN 3-540-55922-1.
1992, 105 Seiten mit 47 Abbildungen. 88,– DM

170 **Planung der Kinematik von Industrierobotersystemen zum Schutzgasschweißen im Schiffbau**
Von Wolfgang Utner ISBN 3-540-55923-X.
1992, 134 Seiten mit 31 Abbildungen und 3 Tabellen. 88,– DM

171 **Montage von Pressverbindungen mit Industrierobotern**
Von Günther Würtz ISBN 3-540-56300-8.
1992, 124 Seiten mit 55 Abbildungen. 88,– DM

172 **Rationalisierungspotential der montagegerechten Produktgestaltung bei der Montage mit Industrierobotern**
Von Thomas Schmaus ISBN 3-540-56400-4.
1992, 122 Seiten mit 55 Abbildungen. 88,– DM

173 **Erhöhung der Variantenflexibilität in Mehrmodell-Montagesystemen durch ein Verfahren zur Leistungsabstimmung**
Von Felix Fremerey ISBN 3-540-56549-3.
1993, 150 Seiten mit 38 Abbildungen und 6 Tabellen. 88,– DM

174 **Automatische Montage von O-Ringen**
Von Johannes F. Wößner ISBN 3-540-56657-0.
1993, 94 Seiten mit 43 Abbildungen. 88,– DM

175 **Systeme kombinierter multimodaler Mensch-Rechner-Interaktionen**
Von Karl-Heinz Hanne ISBN 3-540-56687-2.
1993, 131 Seiten mit 46 Abbildungen. 88,– DM

176 **Regelbasiertes Verfahren zur Montageablaufplanung in der Serienfertigung**
Von Klaus Thaler ISBN 3-540-56829-8.
1993, 132 Seiten mit 63 Abbildungen. 88,– DM

177 **Rechnergestütztes Bediensystem für einen Telemanipulator zur Sanierung von gemauerten Abwasserkanälen**
Von Kurt Alexander Schließmann ISBN 3-540-56875-1.
1993, 135 Seiten mit 57 Abbildungen und 7 Tabellen. 88,– DM

178 **Konturantastende und optoelektronische Koordinatenmeßgeräte für den industriellen Einsatz**
Von Wolfgang Rauh ISBN 3-540-56876-X.
1993, 124 Seiten mit 43 Abbildungen. 88,– DM

179 **Konzeption für ein Sensor- und Steuerungssystem zur automatischen Führung eines Walzenschrämladers entlang der Grenzlinie von Kohle und Nebengestein**
Von Stephan Matthias Forster ISBN 3-540-57159-0.
1993, 147 Seiten mit 63 Abbildungen. 88,– DM

180 **Ein dreidimensionales Bildverarbeitungssystem für die Automatisierung visueller Prüfvorgänge**
Von Jianzhong Lu ISBN 3-540-57160-4.
1993, 113 Seiten mit 45 Abbildungen und 2 Tabellen. 88,– DM

181 **Erschließung technischer und organisatorischer Potentiale durch die Komplettbearbeitung auf Drehmaschinen mit Hilfe der Teileanalyse**
Von Helmut Schaal ISBN 3-540-57212-0.
1993, 126 Seiten mit 42 Abbildungen und 2 Tabellen. 88,– DM

182 **Prüfverfahren zur Untersuchung der Partikelreinheit technischer Oberflächen**
Von Bernhard Klumpp ISBN 3-540-57302-X.
1993, 108 Seiten mit 50 Abbildungen. 88,– DM

183 **Automatisierung der Justage von Drehankerrelais**
Von G. Krüll ISBN 3-540-57303-8.
1993, 113 Seiten mit 59 Abbildungen. 88,– DM

184 **Prozeßstrukturen der chemischen Vernickelung**
Von Hans Gut ISBN 3-540-57304-6.
1993, 108 Seiten mit 37 Abbildungen und 5 Tabellen. 88,– DM

185 **Ein Verfahren zur Konstruktion anwendungoptimierter Ultraschallsensoren auf der Basis von Schallkanälen**
Von Achim Langen ISBN 3-540-57376-3.
1993, 140 Seiten mit 72 Abbildungen. 88,– DM

186 **Ein rechnerunterstütztes System für die technische Dokumentation und Übersetzung**
Von Renate Mayer ISBN 3-540-57409-3.
1993, 126 Seiten mit 59 Abbildungen. 88,– DM

187 **Theoretische und experimentelle Untersuchungen an dreidimensionalen Wirbelströmungen für industrielle Absauganlagen**
Von Wolf-Jürgen Denner ISBN 3-540-57410-7.
1993, 141 Seiten mit 78 Abbildungen und 10 Tabellen. 88,– DM

188 **Planungsmethodik für den Aufbau von Qualitätssicherungssystemen in kleinen und mittleren Produktionsunternehmen**
Von Rainer Hummel ISBN 3-540-57727-0.
1993, 221 Seiten mit 114 Abbildungen und 6 Tabellen. 88,– DM

189 **Plasmamodifikation von Kunststoffoberflächen zur Haftfestigkeitssteigerung von Metallschichten**
Von Dieter Andreas Mann ISBN 3-540-57745-9.
1994, 133 Seiten mit 83 Abbildungen und 6 Tabellen. 88,– DM

190 **Softwareentwicklung für speicherprogrammierbare Steuerungen im integrierten, rechnergestützten Konstruktionsprozeß**
Von Kornelius Hengel ISBN 3-540-57765-3.
1994, 133 Seiten mit 48 Abbildungen. 88,– DM

191 **Vorrichtungssysteme für die flexibel automatisierte Montage**
Von Armin Willy ISBN 3-540-57784-X.
1994, 121 Seiten mit 60 Abbildungen. 88,– DM

192 **Wissensbasiertes Selbstheilungs- und Diagnosesystem für CNC-Koordinatenmeßgeräte**
Von Wilhelm Steger ISBN 3-540-57829-3.
1994, 147 Seiten mit 79 Abbildungen. 88,– DM

193 **Modell für ein rechnerunterstütztes Qualitätssicherungssystem gemäß DIN ISO 9000 ff.**
Von Ulrich Lübbe ISBN 3-540-57831-5.
1994, 152 Seiten mit 59 Abbildungen. 88,– DM

194 **Vorgehenssystematik zum Prototyping graphisch-interaktiver Audio/Video-Schnittstellen**
Von Claus Görner ISBN 3-540-57886-2.
1994, 181 Seiten mit 66 Abbildungen. 88,– DM

195 **Bewertung von Rechnerinvestitionen durch den Vergleich von Wertschöpfungsketten**
Von Christian F. Mayer ISBN 3-540-57969-9.
1994, 144 Seiten mit 45 Abbildungen und 24 Tabellen. 88,– DM

196 **Ein Verfahren zur kostenorientierten Produktionsprogramm- und Kapazitätsplanung bei losweiser Montage**
Von J. Kurz ISBN 3-540-57971-0.
1994, 124 Seiten mit 26 Abbildungen und 3 Tabellen. 88,– DM

197 **Direktmontage von Leitungen mit Industrierobotern**
Von Stefan Koller ISBN 3-540-58224-X.
1994, 105 Seiten mit 52 Abbildungen. 88,– DM

198 **Eine objektorientierte Architektur für Leitstände zur Feinplanung**
Von Thomas Otterbein ISBN 3-540-58273-8.
1994, 183 Seiten mit 90 Abbildungen. 88,– DM

199 **Erhöhung der Fertigungssicherheit und -qualität beim Hochdruckwasserstrahlen durch den Einsatz von Sensoren**
Von Michael Knaupp ISBN 3-540-58440-4.
1994, 117 Seiten mit 101 Abbildungen. 88,– DM

200 **Verfahren zur Bewertung von Auftrags-Durchlaufzeiten in den indirekt-produktiven Bereichen von Maschinenbau-Unternehmen**
Von Robert Müller ISBN 3-540-58478-1.
1994, 152 Seiten mit 32 Abbildungen. 88,– DM

201 **Verfahrensprüfstand für das Bearbeiten mit Industrierobotern**
Von Peter Schlaich ISBN 3-540-58510-9.
1994, 114 Seiten mit 60 Abbildungen. 88,– DM

202 **Entwicklung und Optimierung von Prozeßkomponenten zur ionenunterstützten Abscheidung bei PVD-Verfahren**
Von Walter Olbrich ISBN 3-540-58511-7.
1994, 126 Seiten mit 62 Abbildungen und 7 Tabellen. 88,– DM

203 **Verfahren der Konturanalyse zur Automatisierung visueller Prüfvorgänge**
Von Knut Kille ISBN 3-540-58513-3.
1994, 105 Seiten mit 50 Abbildungen und 15 Tabellen. 88,– DM

204 **Verfahren zur Verbesserung der Ausfallsicherheit verteilter Informationssysteme**
Von Helmut Meitner ISBN 3-540-58623-7.
1995, 196 Seiten mit 54 Abbildungen und 13 Tabellen. 88,– DM

205 **Ein unscharfes Planungsverfahren zur mittelfristigen Personalkapazitätsanpassung für die bedarfsorientierte Serienproduktion**
Von Hans-Jürgen Braun ISBN 3-540-58819-1.
1995, 164 Seiten mit 40 Abbildungen und 10 Tabellen. 88,– DM

206 **Rechnergestützte Auslegungsverfahren für Großmanipulatoren mit Gelenkarmkinematik**
Von Werner Engeln ISBN 3-540-58871-X.
1995, 135 Seiten mit 52 Abbildungen und 18 Tabellen. 88,– DM

207 **Montagestrukturplanung für variantenreiche Serienprodukte**
Von Ulrich Zeile ISBN 3-540-58937-6.
1995, 122 Seiten mit 65 Abbildungen. 88,– DM

208 **Entwicklung eines objektorientierten Informationssystems zur optimierten Werkstoffauswahl**
Von Dietmar R. Fischer ISBN 3-540-58938-4.
1995, 193 Seiten mit 37 Abbildungen und 14 Tabellen. 88,– DM

209 **Entwicklung einer flexibel automatisierten Nähanlage**
Von Oliver Krockenberger ISBN 3-540-58939-2.
1995, 122 Seiten mit 75 Abbildungen. 88,– DM

210 **Ultraschallbahnschweißen von Kunststoffteilen mit Industrierobotern**
Von Thomas Wagner ISBN 3-540-58940-6.
1995, 93 Seiten mit 37 Abbildungen. 88,– DM

211 **Flexibel automatisierte Montage hochpoliger Rundkabel**
Von Ralf Cramer ISBN 3-540-58979-1.
1995, 116 Seiten mit 59 Abbildungen. 88,– DM

212 **Automatische Reparatur elektronischer Baugruppen**
Von Thomas Leicht ISBN 3-540-59015-3.
1995, 99 Seiten mit 46 Abbildungen. 88,– DM

213 **Montage von Schlauchschellen mit Industrierobotern**
Von Herbert Dreher ISBN 3-540-59035-8.
1995, 103 Seiten mit 63 Abbildungen. 88,– DM

214 **Arbeitsprogrammgenerierung zum Schutzgasschweißen mit Industrierobotersystemen im Schiffbau**
Von Peter Schmid ISBN 3-540-59058-7.
1995, 131 Seiten mit 42 Abbildungen. 88,– DM

GPSR Compliance

The European Union's (EU) General Product Safety Regulation (GPSR) is a set of rules that requires consumer products to be safe and our obligations to ensure this.

If you have any concerns about our products, you can contact us on ProductSafety@springernature.com

In case Publisher is established outside the EU, the EU authorized representative is:

Springer Nature Customer Service Center GmbH
Europaplatz 3
69115 Heidelberg, Germany

Batch number: 10844639

Printed by Printforce, the Netherlands